안쌤의

STEAM
+창의사고력
수학 100제

초등 **2**학년

SD에듀
시대교육㈜

안쌤의

STEAM
+ 창의사고력
수학 100제

초등 2학년

안쌤
영재교육연구소

안쌤 영재교육연구소 학습 자료실
샘플 강의와 정오표 등 여러 가지 학습 자료를 확인하세요~!

「안쌤의 STEAM + 창의사고력 수학 100제 초등 1~2학년」 도서를 가지고 계시다면
학습 자료실 문항 분류표를 확인하세요. 학년별 분권으로 기존 도서와 문항 내용이 동일합니다.

이 책을 펴내며

STEAM을 정의하자면 '과학(Science), 기술(Technology), 공학(Engineering), 수학(Mathematics)의 연계 교육을 통해 각 과목의 흥미와 이해 및 기술적 소양을 높이고 예술(Art)을 추가함으로써 융합사고력과 실생활 문제해결력을 배양하는 교육'이라 설명할 수 있습니다. 여기서 STEAM은 과학(S), 기술(T), 공학(E), 인문·예술(A), 수학(M)의 5개 분야를 말합니다.

STEAM은 일상생활에서 마주할 수 있는 내용을 바탕으로 다양한 분야의 지식과 시선을 활용해 학생의 흥미와 창의성을 이끌어 내는 교육입니다. 학교에서는 이미 누군가 완성해 놓은 지식과 개념을 정해진 순서에 따라 배워야 합니다. 또한, 지식은 선생님의 강의를 통해 학생들에게 전달되므로 융합형 교육의 내용을 접하기도, 학생들 스스로 창의성을 발휘하기도 어려운 것이 사실입니다.

『STEAM + 창의사고력 수학 100제』를 통해 수학을 바탕으로 다양한 분야의 지식과 STEAM 문제를 접할 수 있습니다. 이 책에 실린 수학 문제를 풀며 수학적 지식뿐만 아니라 현상이나 사실을 수학적으로 분석하고, 추산하며 다양한 아이디어를 내어 창의성을 기를 수 있습니다. 『STEAM + 창의사고력 수학 100제』가 학생들에게 조금 더 쉽고, 재미있게 STEAM을 접할 수 있는 기회가 되었으면 합니다.

영재교육원 선발을 비롯한 여러 평가에서 STEAM을 바탕으로 한 융합사고력과 창의성이 평가의 핵심적인 기준으로 활용되고 있습니다. 이러한 평가에 따른 다양한 내용과 문제를 접해 보는 것은 학생들의 실력을 높이는 데 중요한 경험이 될 것입니다.

> **"** 아무것도 아닌 것 같은 당연한 사실도
> 수학이라는 안경을 쓰고 보면 새롭게 보인다. **"**

강의 중 자주 하는 말입니다.
『STEAM + 창의사고력 수학 100제』가 학생들에게 새로운 사실을 보여 주는 안경이 되기를 바랍니다.

안쌤 영재교육연구소 수달쌤 **이상호**

영재교육원에 대해 궁금해 하는 Q&A

영재교육원 대비로 가장 많이 문의하는 궁금증 리스트와
안쌤의 속~ 시원한 답변 시리즈

No.1 안쌤이 생각하는 대학부설 영재교육원과 교육청 영재교육원의 차이점

Q 어느 영재교육원이 더 좋나요?

A 대학부설 영재교육원이 대부분 더 좋다고 할 수 있습니다. 대학부설 영재교육원은 대학 교수님 주관으로 진행하고, 교육청 영재교육원은 영재 담당 선생님이 진행합니다. 교육청 영재교육원은 기본 과정, 대학부설 영재교육원은 심화 과정, 사사 과정을 담당합니다.

Q 어느 영재교육원이 들어가기 쉽나요?

A 대부분 대학부설 영재교육원이 더 합격하기 어렵습니다. 대학부설 영재교육원은 9~11월, 교육청 영재교육원은 11~12월에 선발합니다. 먼저 선발하는 대학부설 영재교육원에 대부분의 학생들이 지원하고 상대평가로 합격이 결정되므로 경쟁률이 높고 합격하기 어렵습니다.

Q 선발 요강은 어떻게 다른가요?

A

대학부설 영재교육원은 대학마다 다양한 유형으로 진행이 됩니다.	교육청 영재교육원은 지역마다 다양한 유형으로 진행이 됩니다.
1단계 서류 전형으로 자기소개서, 영재성 입증자료 2단계 지필평가 　　　(창의적 문제해결력 평가(검사), 영재성판별검사, 　　　창의력검사 등) 3단계 심층면접(캠프전형, 토론면접 등) ※ 지원하고자 하는 대학부설 영재교육원 요강을 꼭 확인해 주세요.	GED 지원단계 자기보고서 포함 여부 1단계 지필평가 　　　(창의적 문제해결력 평가(검사), 영재성검사 등) 2단계 면접 평가(심층면접, 토론면접 등) ※ 지원하고자 하는 교육청 영재교육원 요강을 꼭 확인해 주세요.

No.2 교재 선택의 기준

Q 현재 4학년이면 어떤 교재를 봐야 하나요?

A 교육청 영재교육원은 선행 문제를 낼 수 없기 때문에 현재 학년에 맞는 교재를 선택하시면 됩니다.

Q 현재 6학년인데, 중등 영재교육원에 지원합니다. 중등 선행을 해야 하나요?

A 현재 6학년이면 6학년과 관련된 문제가 출제됩니다. 중등 영재교육원이라 하는 이유는 올해 합격하면 내년에 중학교 1학년이 되어 영재교육원을 다니기 때문입니다.

Q 대학부설 영재교육원은 수준이 다른가요?

A 대학부설 영재교육원은 대학마다 다르지만 1~2개 학년을 더 공부하는 것이 유리합니다.

No.3 지필평가 유형 안내

Q 영재성검사와 창의적 문제해결력 검사는 어떻게 다른가요?

A 과거

영재성 검사
언어창의성
수학창의성
수학사고력
과학창의성
과학사고력

+

학문적성 검사
수학사고력
과학사고력
창의사고력

=

창의적 문제해결력 검사
수학창의성
수학사고력
과학창의성
과학사고력
융합사고력

현재

영재성 검사
일반창의성
수학창의성
수학사고력
과학창의성
과학사고력

창의적 문제해결력 검사
수학창의성
수학사고력
과학창의성
과학사고력
융합사고력

지역마다 실시하는 시험이 다릅니다.
서울: 창의적 문제해결력 검사
부산: 창의적 문제해결력 검사(영재성검사＋학문적성검사)
대구: 창의적 문제해결력 검사
대전＋경남＋울산: 영재성검사, 창의적 문제해결력 검사

No.4 영재교육원 대비 파이널 공부 방법

Step1 자기인식

자가 채점으로 현재 자신의 실력을 확인해 주세요. 남은 기간 동안 효율적으로 준비하기 위해서는 현재 자신의 실력을 확인해야 합니다. 기간이 많이 남지 않았다면 빨리 지필평가에 맞는 교재를 준비해 주세요.

Step2 답안 작성 연습

지필평가 대비로 가장 중요한 부분은 답안 작성 연습입니다. 모든 문제가 서술형이라서 아무리 많이 알고 있고, 답을 알더라도 답안을 제대로 작성하지 않으면 점수를 잘 받을 수 없습니다. 꼭 답안 쓰는 연습을 해 주세요. 자가 채점이 많은 도움이 됩니다.

안쌤이 생각하는 자기주도형 수학 학습법

변화하는 교육정책에 흔들리지 않는 것이 자기주도형 학습법이 아닐까?
입시 제도가 변해도 제대로 된 학습을 한다면 자신의 꿈을 이루는 데 걸림돌이 되지 않는다!

독서 ▶ 동기 부여 ▶ 공부 스타일로
공부하기 위한 기본적인 환경을 만들어야 한다.

1단계 독서

'빈익빈 부익부'라는 말은 지식에도 적용된다. 기본적인 정보가 부족하면 새로운 정보도 의미가 없지만, 기본적인 정보가 많으면 새로운 정보를 의미 있는 정보로 만들 수 있고, 기본적인 정보와 연결해 추가적인 정보(응용·창의)까지 쌓을 수 있다. 그렇기 때문에 먼저 기본적인 지식을 쌓지 않으면 아무리 열심히 공부해도 수학 과목에서 높은 점수를 받기 어렵다. 기본적인 지식을 많이 쌓는 방법으로는 독서와 다양한 경험이 있다. 그래서 입시에서 독서 이력과 창의적 체험활동(www.neis.go.kr)을 보는 것이다.

2단계 동기 부여

인간은 본인의 의지로 선택한 일에 책임감이 더 강해지므로 스스로 적성을 찾고 장래를 선택하는 것이 가장 좋다. 스스로 적성을 찾는 방법은 여러 종류의 책을 읽어서 자기가 좋아하는 관심 분야를 찾는 것이다. 자기가 원하는 분야에 관심을 갖고 기본 지식을 쌓다 보면, 쌓인 기본 지식이 학습과 연관되면서 공부에 흥미가 생겨 점차 꿈을 이루어 나갈 수 있다. 꿈과 미래가 없이 막연하게 공부만 하면 두뇌의 반응이 약해진다. 그래서 시험 때까지만 기억하면 그만이라고 생각하는 단순 정보는 시험이 끝나는 순간 잊어버린다. 반면 중요하다고 여긴 정보는 두뇌를 강하게 자극해 오래 기억된다. 살아가는 데 꿈을 통한 동기 부여는 학습법 자체보다 더 중요하다고 할 수 있다.

3단계 공부 스타일

공부하는 스타일은 학생마다 다르다. 예를 들면, '익숙한 것을 먼저 하고 익숙하지 않은 것을 나중에 하기', '쉬운 것을 먼저 하고 어려운 것을 나중에 하기', '좋아하는 것을 먼저 하고, 싫어하는 것을 나중에 하기' 등 다양한 방법으로 공부를 하다 보면 자신에게 맞는 공부 스타일을 찾을 수 있다. 자신만의 방법으로 공부를 하면 성취감을 느끼기 쉽고, 어떤 일이든지 자신 있게 해낼 수 있다.

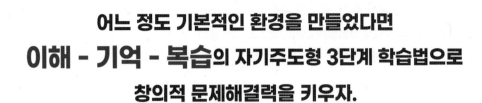

어느 정도 기본적인 환경을 만들었다면
이해 – 기억 – 복습의 자기주도형 3단계 학습법으로
창의적 문제해결력을 키우자.

1단계 · 이해

단원의 전체 내용을 쭉 읽어본 뒤, 개념 확인 문제를 풀면서 중요 개념을 확인해 전체적인 흐름을 잡고 내용 간의 연계(마인드맵 활용)를 만들어 전체적인 내용을 이해한다.
개념을 오래 고민하고 깊이 이해하려 하는 습관은 스스로에게 질문하는 것에서 시작된다.
[이게 무슨 뜻일까? / 이건 왜 이렇게 될까? / 이 둘은 뭐가 다르고, 뭐가 같을까? / 왜 그럴까?]
막히는 문제가 있으면 먼저 머릿속으로 생각하고, 끝까지 이해가 안 되면 답지를 보고 해결한다. 그래도 모르겠으면 여러 방면(관련 도서, 인터넷 검색 등)으로 이해될 때까지 찾아보고, 그럼에도 이해가 안 된다면 선생님께 여쭤 보라. 이런 과정을 통해서 스스로 문제를 해결하는 능력이 키워진다.

2단계 · 기억

암기해야 하는 부분은 의미 관계를 중심으로 분류해 전체 내용을 조직한 후 자신의 성격이나 환경에 맞는 방법, 즉 자신만의 공부 스타일로 공부한다. 이때 노력과 반복이 아닌 흥미와 관심으로 시작하는 것이 중요하다. 그러나 흥미와 관심만으로는 힘들 수 있기 때문에 단원과 관련된 수학 개념이 사회 현상이나 기술을 설명하기 위해 어떻게 활용되고 있는지를 알아보면서 자연스럽게 다가가는 것이 좋다.
그리고 개념 이해를 요구하는 단원은 기억 단계를 필요로 하지 않기 때문에 이해 단계에서 바로 복습 단계로 넘어가면 된다.

3단계 · 복습

수학에서의 복습은 여러 유형의 문제를 풀어 보는 것이다. 이렇게 할 때 교과서에 나온 개념과 원리를 제대로 이해할 수 있을 것이다. 기본 교재(내신 교재)의 문제와 심화 교재(창의사고력 교재)의 문제를 풀면서 문제해결력과 창의성을 키우는 연습을 한다면 수학에서 좋은 점수를 받을 수 있을 것이다.

마지막으로 과목에 대한 흥미를 바탕으로 정서적으로 안정적인 상태에서 낙관적인 태도로 자신감 있게 공부하는 것이 가장 중요하다.

안쌤 영재교육연구소 대표 **안 재 범**

안쌤이 생각하는 영재교육원 대비 전략

1. 학교 생활 관리: 담임교사 추천, 학교장 추천을 받기 위한 기본적인 관리

- 교내 각종 대회 대비 및 창의적 체험활동(www.neis.go.kr) 관리
- 독서 이력 관리: 교육부 독서교육종합지원시스템 운영

2. 흥미 유발과 사고력 향상: 학습에 대한 흥미와 관심을 유발

- 퍼즐 형태의 문제로 흥미와 관심 유발
- 문제를 해결하는 과정에서 집중력과 두뇌 회전력, 사고력 향상

▲ 안쌤의 사고력 수학 퍼즐 시리즈 (총 14종)

3. 교과 선행: 학생의 학습 속도에 맞춰 진행

- '교과 개념 교재 ➡ 심화 교재'의 순서로 진행
- 현행에 머물러 있는 것보다 학생의 학습 속도에 맞는 선행 추천

4. 수학, 과학 과목별 학습

- 수학, 과학의 개념을 이해할 수 있는 문제해결

▲ 안쌤의 창의사고력 수학 실전편 시리즈

(초급, 중급, 고급)

           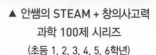

▲ 안쌤의 STEAM + 창의사고력
수학 100제 시리즈

(초등 1, 2, 3, 4, 5, 6학년)

▲ 안쌤의 STEAM + 창의사고력
과학 100제 시리즈

(초등 1, 2, 3, 4, 5, 6학년)

5. 융합 사고력 향상

- 융합 사고력을 향상시킬 수 있는 문제해결

◀ 안쌤의 수 · 과학 융합 특강

6. 지원 가능한 영재교육원 모집 요강 확인

- 지원 가능한 영재교육원 모집 요강을 확인하고 지원 분야와 전형 일정 확인
- 지역마다 학년별 지원 분야가 다를 수 있음

7. 지필평가 대비

- 평가 유형에 맞는 교재 선택과 서술형 답안 작성 연습 필수

▲ 영재성검사 창의적 문제해결력
모의고사 시리즈

(초등 3~4, 5~6, 중등 1~2학년)

▲ SW 정보영재 영재성검사
창의적 문제해결력 모의고사 시리즈

(초등 3~4, 초등 5~중등 1학년)

8. 탐구보고서 대비

- 탐구보고서 제출 영재교육원 대비

◀ 안쌤의 신박한 과학 탐구보고서

9. 면접 기출문제로 연습 필수

- 면접 기출문제와 예상문제에 자신
만의 답변을 글로 정리하고, 말로
표현하는 연습 필수

◀ 안쌤과 함께하는 영재교육원 면접 특강

안쌤 영재교육연구소 수학 · 과학 학습 진단 검사

수학 · 과학 학습 진단 검사란?

수학 · 과학 교과 학년이 완료되었을 때 개념이해력, 개념응용력, 창의력, 수학사고력, 과학탐구력, 융합사고력 부분의 학습이 잘 되었는지 진단하는 검사입니다.

영재교육원 대비를 생각하시는 학부모님과 학생들을 위해, 수학 · 과학 학습 진단 검사를 통해 영재교육원 대비 커리큘럼을 만들어 드립니다.

검사지 구성

과학 13문항	• 다답형 객관식 8문항 • 창의력 2문항 • 탐구력 2문항 • 융합사고력 1문항	
수학 20문항	• 수와 연산 4문항 • 도형 4문항 • 측정 4문항 • 확률/통계 4문항 • 규칙/문제해결 4문항	

수학 · 과학 학습 진단 검사 진행 프로세스

신청
안쌤 영재교육연구소
카카오톡으로 신청
2만 원

발송
수학 · 과학
진단 검사지
택배 발송

진행
90분간
검사 진행

채점
채점 후 결과지를
메일과 카카오톡으로
발송

검사 종료 후
카카오톡으로 말씀해
주시면 연구소에서
택배 회수

로드맵과 함께
교재 선택 및 학습법
안내 상담

수학 · 과학 학습 진단 학년 선택 방법

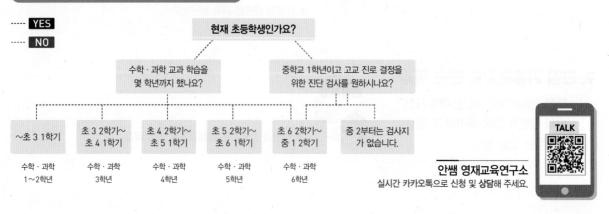

----- YES
----- NO

현재 초등학생인가요?

수학 · 과학 교과 학습을
몇 학년까지 했나요?

중학교 1학년이고 고교 진로 결정을
위한 진단 검사를 원하시나요?

~초 3 1학기	초 3 2학기~ 초 4 1학기	초 4 2학기~ 초 5 1학기	초 5 2학기~ 초 6 1학기	초 6 2학기~ 중 1 2학기	중 2부터는 검사지 가 없습니다.
수학 · 과학 1~2학년	수학 · 과학 3학년	수학 · 과학 4학년	수학 · 과학 5학년	수학 · 과학 6학년	

TALK

안쌤 영재교육연구소
실시간 카카오톡으로 신청 및 상담해 주세요.

이 책의 구성과 특징

창의사고력 실력다지기 100제

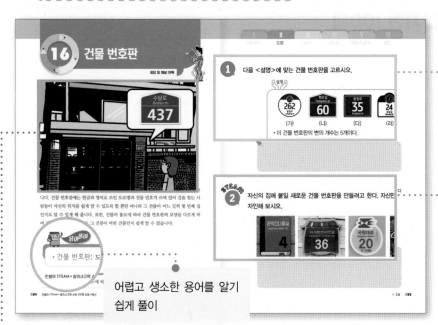

교과사고력 문제로 기본적인
교과 내용을 학습하는 단계

융합사고력 문제로 다양한 아
이디어와 원리 탐구를 통해
창의사고력 향상

어렵고 생소한 용어를 알기
쉽게 풀이

실생활에 쉽게 접할 수 있는
상황을 이용해 흥미 유발

영재성검사 창의적 문제해결력 평가 기출예상문제

• 교육청 · 대학 · 과학고 부설
영재교육원 영재성검사, 창
의적 문제해결력 평가 기출
예상문제 수록
• 영재교육원 선발 시험의 문
제 유형과 출제 경향 예측

이 책의 차례

✏️ **창의사고력 실력다지기 100제**

✏️ **영재성검사 창의적 문제해결력 평가 기출예상문제**

I
수와 연산

주사위 게임 만들기

정답 및 해설 02쪽

지후와 슬기는 주사위 두 개를 이용해 재미있는 **보드게임**을 하고 있습니다. 주사위 두 개를 동시에 던져 나오는 눈의 수의 합 만큼 앞으로 나가는 게임입니다. 게임에서 꼭 이기고 싶은 지후는 주사위 눈의 합이 큰 수가 되기를 바라며 주사위를 던졌지만, 매번 슬기보다 작은 수가 나왔습니다. 지후는 주사위를 이용한 새로운 게임을 만들어 슬기를 이기기로 마음먹었습니다. 지후는 어떤 주사위 게임을 만들었을까요?

 **용어풀이**

• **보드게임**: 판 위에서 말이나 카드를 놓고 일정한 규칙에 따라 진행하는 게임

1 주사위의 모든 면은 모양과 크기가 같다. 그 이유를 서술하시오.

STEAM
2 주사위를 이용해 친구와 함께 할 수 있는 재미있는 게임을 만들고, 게임 방법을 설명하시오.

02 사슴벌레 키우기

정답 및 해설 02쪽

지구상의 동물 10마리 중 8마리는 곤충이라고 할 만큼 많은 수의 곤충이 살고 있습니다. 약 4억 년 전 처음 나타난 곤충이 지금까지 사라지지 않고 번성하고 있는 이유는 변화하는 환경에 잘 적응하기 때문입니다. 직접 곤충을 집에서 키워 보는 것은 어떨까요? 집에서 사슴벌레를 키울 때는 나무의 수액 대신 곤충 젤리를 먹이로 줍니다. 곤충 젤리는 천 원으로 20개를 살 수 있는데, 곤충 젤리 1개로 사슴벌레 1마리가 3일 동안 먹을 수 있어 저렴하게 키워 볼 수 있습니다. 곤충은 작은 동물의 먹이가 되기도 하고, 동물의 배설물이나 죽은 동식물을 분해하여 자연으로 다시 돌아가게 하여 지구 생태계가 균형을 유지할 수 있도록 도와줍니다.

• 사슴벌레: 큰턱이 발달한 곤충의 한 종류

1 사슴벌레의 먹이가 되는 곤충 젤리는 천 원에 20개를 살 수 있고, 곤충 젤리 1개는 사슴벌레 1마리가 3일 동안 먹는다. 유준이는 30일 동안 사슴벌레의 먹이 값으로 3천 원이 필요하다. 유준이가 키우는 사슴벌레는 몇 마리인지 풀이 과정과 함께 구하시오.

STEAM

2 사슴벌레를 키우는 것은 인간에게는 재미일지 모르지만 사슴벌레에게는 고통일 수 있다. 생물학자는 멸종할지 모르는 사슴벌레를 반드시 키워야 하는 경우도 있다. 여러분이라면 사슴벌레를 키울 것인지 키우지 않을 것인지 정하고, 그 이유를 서술하시오.

03 로마 숫자

정답 및 해설 03쪽

로마 숫자

1＝I	2＝II	3＝III
4＝IV	5＝V	6＝VI
10＝X	20＝XX	50＝L
100＝C	500＝D	1000＝M

우리는 0, 1, 2, 3, 5, 6, 7, 8, 9라는 **인도-아라비아 숫자**를 사용하여 수를 표현합니다. 로마 숫자는 고대 로마에서 고안된 숫자로, 1400년경까지 유럽에서 사용되었던 숫자입니다. 로마 숫자는 I＝1, V＝5, X＝10, L＝50, C＝100, D＝500, M＝1000과 같이 각 글자가 특정한 수를 의미합니다.

로마 숫자는 수를 표현할 때 계산이 필요한 특징이 있습니다. 1, 2, 3을 I, II, III과 같이 막대의 개수로 표현하는 경우도 있지만, IV나 VI은 덧셈과 뺄셈을 이용한 숫자입니다. 로마 숫자 5를 나타내는 V를 기준으로 왼쪽의 I은 뺄셈을 의미해 IV는 5−1＝4이고, V를 기준으로 오른쪽의 I은 덧셈을 의미해 VI은 5＋1＝6입니다.

- **인도-아라비아 숫자**: 수를 표현하는 데 사용하는 숫자로, 인도에서 발명되어 아라비아 상인들에 의해 전파되었다.

1 다음 <보기>의 로마 숫자로 나타낸 식을 인도−아라비아 숫자로 바꾸고, 계산 결과를 인도−아라비아 숫자로 나타내시오.

<보기>

$$XII - IV + XXVII$$

STEAM

2 오늘날 로마 숫자가 사용되지 않는 이유를 서술하시오.

정답 및 해설 03쪽

지후네 자동차 번호판은 '31도 3090'입니다. 각 숫자와 글자가 의미하는 것은 무엇일까요?
가장 앞의 두 숫자는 자동차의 종류를 구분하는 숫자입니다. 01~69는 승용차, 70~79는 승
합차, 80~97은 화물차, 98~99는 특수차를 나타냅니다. 앞의 두 숫자 뒤에 오는 글자는 자동
차의 용도를 알려줍니다. 일반 자가용은 '가, 나, 다, 라, 마, 거, 너, 더, 러, 머, 버, 서, 어,
저, 고, 노, 도, 로, 모, 보, 소' 등의 글자를 사용합니다. 버스나 택시 등 영업용 자동차는
'바, 사, 아, 자', 택배를 배달하는 자동차는 '배', 렌터카와 같이 대여용 자동차는 '하, 허, 호'
를 사용합니다. 마지막 네 개의 숫자는 자동차의 종류나 용도와 관계없이 임의
로 부여되는 번호입니다. 자동차 번호판처럼 특정한 의미가 있는 숫자를 **이름
수(명목수)**라고 합니다.

▲ 자동차 번호

 용어풀이

• **이름수(명목수):** 크기나 순서의 의미가 아니라 이름과 같은 의미로 사용되는 숫자

1 자동차마다 번호판을 붙이는 이유를 서술하시오.

STEAM

2 자동차 번호판에 숫자를 사용할 수 없다면 숫자를 대신하여 사용할 수 있는 것에는 무엇이 있을지 서술하시오.

05 무게를 재는 저울

정답 및 해설 04쪽

저울은 물체의 무게를 측정하는 도구로, 인간이 저울을 사용하기 시작한 것은 아주 오랜 옛날로 거슬러 올라갑니다. 고대 이집트의 벽화에서 오늘날의 양팔 저울과 거의 같은 모양의 저울을 찾아볼 수 있습니다. 또한, 우리나라의 경주에서 삼국 시대 유물로 저울추가 발견된 것으로 보아 우리 조상들도 오래전부터 저울을 사용해 온 것을 알 수 있습니다. 양쪽 접시의 물체가 **수평**을 이루도록 하여 무게를 재는 윗접시 저울이나 양팔 저울이 있고, 용수철이나 압력을 이용해 무게를 재는 저울과 센서를 이용해 무게를 재는 전자저울도 있습니다.

 용어풀이

• **수평**: 기울지 않고 평평한 상태

1 지우개의 무게는 95 g이고 연필의 무게는 78 g이다. 윗접시 저울의 양쪽 접시에 각각 지우개와 연필을 올리고, 저울의 균형을 맞추려고 한다. 어느 쪽 접시에 추 몇 g을 더 올려야 양쪽 접시가 수평을 이루는지 서술하시오.

STEAM

2 체중계는 몸무게를 재는 저울로, 목욕탕이나 찜질방에 가면 쉽게 볼 수 있다. 우리 주위에서 저울이 사용되는 경우를 3가지 서술하시오.

06 물 이야기

정답 및 해설 04쪽

고대 그리스의 철학자 탈레스는 '세상에 있는 모든 것의 **근원**은 물'이라고 이야기했습니다. 또, 아리스토텔레스는 모든 것의 근원은 땅, 물, 공기, 불이라고 이야기했습니다. 이처럼 옛날부터 인간은 물의 존재를 매우 중요하게 여겨 왔습니다. 생물체를 구성하고 있는 여러 물질 중 물은 생물체의 70~80 %를 차지하며, 많은 경우에는 95 % 정도를 차지하는 경우도 있습니다. 사람의 경우 몸무게의 약 70 %가 물입니다. 물은 우리 몸에서 여러 작용을 하는데 특히 체온을 유지하고, 노폐물을 배출시킵니다.

▲ 소중한 물

 용어풀이

- **근원**: 사물이 비롯되는 근본이나 원인

1 서준이는 운동 후 친구들과 나누어 마실 물을 사려고 한다. 1병에 500원인 물을 8병 사고 10000원을 냈다. 서준이가 받을 거스름돈을 구하시오.

STEAM 2 비는 땅으로부터 약 3 km 높이의 하늘에서 떨어진다. 빗방울은 매우 높은 곳에서 떨어지지만 크기가 매우 작기 때문에 비를 맞아도 아프거나 다치지 않는다. 만약 빗방울의 크기가 주먹만큼 커진다면 어떤 일이 일어날지 예상하여 서술하시오.

07 수박씨는 몇 개?

정답 및 해설 05쪽

수박이 없는 여름을 상상해 본 적이 있나요? 무더운 여름 시원하게 먹을 수 있는 수박은 여름을 위해 태어난 식물이라고 할 수 있습니다. 아프리카가 원산지인 수박은 우리나라에는 고려 말에 전해져 조선 시대부터 많은 사람들이 즐기는 여름 채소입니다. 수박을 과일로 알고 있는 사람들도 많지만, 수박은 나무에서 열리는 열매가 아니기 때문에 **열매채소**라고 합니다. 수박 외에 딸기, 참외, 토마토 등도 열매채소입니다. 여름철 무더위를 식혀주는 달고 맛있는 수박, 수박의 유일한 단점은 작은 씨앗이 많이 들어 있어 먹을 때 불편하다는 것입니다. 수박 1통에 수박씨가 몇 개나 들어 있는지 구하여 봅시다.

• **열매채소**: 밭에서 기르는 농작물 중 열매를 먹는 채소

1 수박을 먹던 리지는 수박 1통에 몇 개의 씨가 들어 있는지 궁금했다. 수박씨의 개수를 알아볼 수 있는 방법을 3가지 쓰시오.

2 리지는 수박 1통을 정확히 4등분하여 그중 한 조각을 다음과 같이 10조각으로 잘랐다. 자른 수박 중 가장 가운데 한 조각에서는 13개의 씨가 나왔고 가장 끝 조각에서는 1개의 씨가 나왔다. 수박 1통의 씨의 개수를 예상하여 서술하시오.

정답 및 해설 05쪽

올림픽은 4년마다 열리는 국제 스포츠 대회입니다. 전 세계 선수들이 모여 4년 동안 갈고 닦은 실력을 정정당당히 겨루어 세계 최고의 실력을 가리는 자리입니다. 올림픽은 고대 그리스의 올림피아제에서 기원한 것으로, 1896년 그리스 아테네에서 근대 올림픽으로 부활되어 오늘날까지 이어지고 있습니다. 처음에는 하계올림픽만 하다가 1924년에 **동계올림픽**이 생겼습니다. 우리나라는 1948년부터 올림픽에 참가하기 시작했으며, 1988년 9월에 서울에서 제24회 하계올림픽을 개최했고, 2018년 2월에 강원도 평창에서 제23회 동계올림픽을 개최했습니다.

▲ 올림픽

• **동계올림픽**: 겨울 스포츠 종목을 대상으로 실력을 겨루는 국제 스포츠 대회

1 2016년 브라질 리우데자네이루(리우)에서는 제31회 하계올림픽이 열렸다. 제36회 하계올림픽은 몇 년에 열리는지 구하고, 구하는 방법을 서술하시오.

STEAM 2 다음은 근대 올림픽의 창시자 쿠베르탱이 한 말이다. 여러분은 자신의 성공을 위하여 어떤 노력을 하고 있는지 서술하시오.

> 인간의 성공 여부는 승리자가 되느냐가 아니라 얼마나 노력했는가에 달려 있다. 가장 중요한 것은 승리하는 것이 아니라 정정당당하게 최선을 다하는 것이다. 온 세계의 청년들이 올림픽을 통해 이러한 의미를 깨달았으면 한다.

09 햄버거의 가격은?

정답 및 해설 06쪽

햄버거는 쇠고기나 돼지고기를 잘게 다져 구운 다음 빵과 빵 사이에 양파, 치즈, 달걀 등을 함께 넣어 먹는 음식입니다. 대부분 사람이 햄버거를 먹어 보았을 것이고, 먹어 보지 못했더라도 그 음식이 무엇인지 다 알고 있을 만큼 **대중적**인 음식입니다. 하지만 햄버거의 시작이 미국이 아니라 몽골이라는 사실을 알고 있는 사람은 드뭅니다. 몽골의 유목민들은 잘게 다진 고기나 고기 부스러기를 납작한 모양으로 만들어 말과 안장 사이에 넣어 두었습니다. 말을 타고 다니는 동안 몸무게로 고기를 눌러 주는 효과가 있어 고기가 부드러워져 익히지 않고 먹을 수 있다는 것을 알아냈습니다. 이것이 오늘날 햄버거의 시작이라고 할 수 있습니다.

▲ 햄버거

 용어풀이

• 대중적: 수많은 사람들의 무리를 중심으로 한 또는 그런 것

1 현진이는 불고기 버거 1개, 치즈 버거 1개, 콜라 1잔, 감자튀김 1개를 주문하려고 한다. 다음 메뉴판을 보고 가장 저렴하게 주문하는 방법을 서술하시오.

메뉴

불고기 버거	3200원	불고기 버거 세트	5100원
		(불고기 버거+감자튀김+콜라)	
치즈 버거	3000원	치즈 버거 세트	4800원
		(치즈 버거+감자튀김+콜라)	
감자튀김	1200원		
콜라	1000원		

STEAM

2 햄버거의 좋은 점과 나쁜 점을 각각 2가지씩 쓰고, 햄버거를 계속 먹을 것인지, 먹지 않을 것인지 서술하시오.

10 자릿수와 숫자 카드

정답 및 해설 06쪽

우리가 사용하는 숫자는 인도−아라비아 숫자로, 인도에서 만들어진 후 아라비아 상인들에 의해 유럽으로 전해졌습니다. 인도−아라비아 숫자는 0부터 9까지 10개의 숫자를 이용해 모든 수를 나타낼 수 있고, 계산이 편리하기 때문에 오늘날 전 세계에서 사용되고 있습니다. 인도−아라비아 숫자로 나타내는 큰 수는 같은 숫자를 사용하더라도 그 숫자가 사용되는 **자릿수**에 따라 그 숫자가 의미하는 수가 다릅니다. 13의 3은 3을 의미하고, 37의 3은 30을 의미합니다. 친구들과 함께 숫자 카드로 수를 만들어 봅시다.

- **자릿수**: 수의 자리로, 일, 십, 백, 천, 만 등이 있다.

1 지환이와 정환이는 숫자 카드 2, 5, 6, 7, 9를 이용해 두 자리 수를 만들고 있다. 만들 수 있는 가장 작은 수와 가장 큰 수를 구하시오.

STEAM
2 0부터 9까지의 숫자 카드 중 세 장을 뽑아 세 자리 수를 만들어 더 작은 수를 만드는 사람이 이기는 게임을 하고 있다. 지환이는 4, 6, 9를 뽑았고, 정환이는 6, 0, 5를 뽑았다. 이 게임에서 이기는 사람은 누구인지 쓰고, 그 이유를 서술하시오.

Ⅱ
도형

11 삼각김밥

정답 및 해설 07쪽

김밥이라고 하면 동그랗고 길쭉한 원통형의 모양이 떠오릅니다. 하지만 삼각김밥은 **삼각형** 모양입니다. 편의점에서 쉽게 볼 수 있는 삼각김밥은 어떻게 만들어진 것일까요? 일본에는 흰쌀밥에 여러 재료를 넣고 뭉쳐서 만든 오니기리라는 음식이 있습니다. 오니기리는 만드는 방법이 쉽고, 속에 들어가는 내용물에 따라 다양한 맛을 낼 수 있을 뿐만 아니라 휴대하거나 먹기 간편해 많은 사람이 즐겨 먹습니다. 이러한 오니기리를 바탕으로 1980년대 초 일본에서 삼각김밥이 만들어졌습니다. 어느 가족이 소풍을 갈 때 김밥을 준비했는데 김이 눅눅해져 있었습니다. 이것을 본 아버지가 김과 밥을 따로 포장하는 방법을 고안했고, 그것이 계기가 되어 지금의 삼각김밥이 탄생했습니다.

• **삼각형**: 세 개의 곧은 선으로 둘러싸인 도형

1 삼각김밥에서 찾을 수 있는 도형을 모두 찾아 그리시오.

STEAM

2 다음 중 삼각김밥의 모양으로 가장 적당한 것을 고르고, 그 이유를 서술하시오.

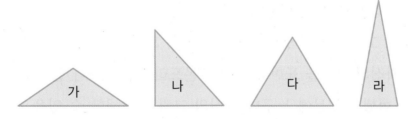

12 나도 미술가

정답 및 해설 07쪽

피에트 몬드리안은 네덜란드 출신의 화가입니다. 당시 사진처럼 사물을 있는 그대로 그리는 능력은 그다지 주목받지 못했습니다. 몬드리안은 사진과는 다른 어떤 특별한 것을 표현하기 위해 고민하기 시작했고, 빨강, 파랑, 노랑의 **3원색**과 흰색과 검은색, 선분이나 직선만으로 자신의 그림을 표현했습니다. 몬드리안은 누구나 알고 있는 색과 도형을 이용해 그림을 표현했기 때문에 누구나 자신의 그림을 이해할 수 있을 것으로 생각했습니다. 〈빨강, 파랑, 노랑의 구성〉은 몬드리안의 생각이 나타난 대표적인 작품입니다.

 용어풀이

• **3원색**: 색을 표현하기 위한 기본이 되는 3가지 색

1 다음 도형에서 서로 다른 크기와 모양의 사각형은 모두 몇 개인지 구하시오.

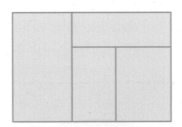

STEAM 2 병건이는 모양과 색깔이 서로 다른 사각형과 검은색 테이프를 이용하여 다음과 같은 몬드리안의 〈빨강, 파랑, 노랑의 구성〉을 직접 만들어 보려고 한다. 병건이가 준비해야 하는 모양과 색깔이 서로 다른 사각형의 최소 개수를 구하시오.

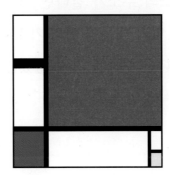

 **우리집 주소**

정답 및 해설 08쪽

택배나 편지와 같은 우편물을 받기 위해서는 자신이 사는 집의 주소를 정확하게 알아야 합니다. 만약 서로 다른 장소의 주소가 같다면 어떤 일이 일어날까요? 찾아가고자 하는 곳이 어딘지 정확하게 알 수 없기 때문에 여러 가지 문제가 생길 것입니다. 이러한 이유로 모든 건물이나 장소는 서로 다른 주소를 가지고 있습니다.

여러분이 사는 집의 주소는 무엇인가요?

- 주소: 집이나 회사가 있는 곳을 나타낸 이름

1 다음은 도로명주소를 정하는 원칙의 일부이다. <보기>의 설명을 보고 건물 번호가 한천로1길인 곳에서 한천로13길인 곳까지의 거리는 대략 얼마인지 예상하고, 그 이유를 서술하시오.

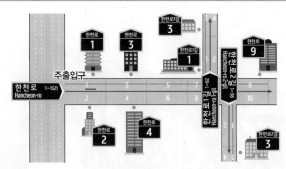

- 큰 길에서 갈라지는 작은 길의 도로명은 큰 길의 도로명에 차례로 숫자를 붙여 사용한다.
- 큰 길에서 갈라진 도로의 왼쪽은 홀수 번호(예 한천로1길, 한천로3길)를, 오른쪽은 짝수 번호(예 한천로2길, 한천로4길)를 부여한다.
- 건물 번호는 도로 시작점에서 20 m마다 왼쪽은 홀수, 오른쪽은 짝수를 순차적으로 부여한다.

2 자신의 집의 도로명주소를 쓰시오.

14 한강철교 가 봤니?

정답 및 해설 08쪽

한강철교를 본 적이 있나요?

서울시 용산구 이촌동과 동작구 노량진동을 연결하는 철도 다리로, 한강에 놓인 최초의 다리입니다. 현재는 모두 4개의 철로로 이루어져 있으며 매일 약 1220번씩 열차가 지나 갑니다. 한강철교는 **트러스 구조**로 이루어져 있습니다. 트러스 구조는 튼튼한 다리를 만들 기 위해 다리의 모양에 삼각형을 응용한 것입니다.

▲ 다리의 역사

용어풀이

• **트러스 구조**: 삼각형을 응용해 만든 다리 구조

1 한강철교에서 찾을 수 있는 도형을 모두 찾아 그리시오.

STEAM 2 한강철교에서 찾을 수 있는 도형이 우리 주변에서 활용되고 있는 경우를 찾아 3가지 쓰시오.

15 통조림 모양

정답 및 해설 09쪽

지환이는 참치 통조림을 좋아합니다. 엄마와 마트에 간 지환이는 쇼핑 카트에 여러 개의 참치 통조림을 담고 기쁜 마음으로 주변을 둘러보았습니다. 주변을 둘러보던 지환이는 한 가지 이상한 점을 발견했습니다. 진열된 통조림들의 모양이 모두 비슷한 모양을 하고 있었기 때문입니다. 통조림은 왜 모두 모양이 비슷할까요?

▲ 원기둥 모양

• 통조림 : 음식을 깡통에 넣고 단단히 붙여 오랫동안 보관할 수 있도록 한 식품

1 만약 통조림 모양이 사각기둥 모양이라면 어떤 일이 일어날지 서술하시오.

STEAM

2 통조림 모양이 원기둥 모양인 이유를 서술하시오.

 **16 건물 번호판**

정답 및 해설 09쪽

도로명주소를 사용하게 되면서 건물마다 건물의 위치를 나타내는 **건물 번호판**을 붙였습니다. 건물 번호판에는 한글과 영어로 쓰인 도로명과 건물 번호가 쓰여 있어 길을 찾는 사람들이 자신의 위치를 쉽게 알 수 있도록 할 뿐만 아니라 그 건물이 어느 길의 몇 번째 집인지도 알 수 있게 해 줍니다. 또한, 건물의 용도에 따라 건물 번호판의 모양을 다르게 하여 건물 번호판만 보더라도 그 건물이 어떤 건물인지 쉽게 알 수 있습니다.

 **용어풀이**

• **건물 번호판**: 도로명주소에 따른 건물의 번호를 나타낸 판

1 다음 <설명>에 맞는 건물 번호판을 고르시오.

(가)   (나)   (다)   (라)

• 이 건물 번호판의 변의 개수는 5개이다.

• 파란색 바탕에 흰색 글씨가 써진 건물 번호판이다.

STEAM

2 자신의 집에 붙일 새로운 건물 번호판을 만들려고 한다. 자신만의 건물 번호판을 디자인해 보시오.

III
측정

정답 및 해설 10쪽

시간을 재는 장치 중에서 인류가 가장 먼저 이용한 것은 해시계입니다. 가장 초보적인 해시계는 수직으로 세워 놓은 막대기가 만들어 내는 그림자의 위치로 시간을 알아내는 것이었습니다. 고대 문명이 발달했던 이집트, 메소포타미아, 그리스, 중국과 같은 곳에서 해시계를 이용해 시간을 쟀습니다. 우리나라에서는 현재까지 신라 시대의 해시계가 가장 오래된 유물로 남아 있지만, 기록에 의하면 고구려나 백제에서도 해시계를 관리하도록 했다고 하므로 삼국 시대 이전부터 해시계를 사용했음을 알 수 있습니다. 우리가 잘 알고 있는 앙부일구는 조선 세종대왕 때 만들어진 오목한 솥단지 모양의 해시계입니다. '앙부'는 하늘을 우러러보는 모양의 가마솥이라는 뜻이고, '일구'는 해시계를 의미합니다. 즉, 앙부일구는 '가마솥이 위로 열려 있는 모양의 해시계'라는 뜻입니다.

▲ 앙부일구

 **용어풀이**

• **수직**: 두 직선이 만나서 이루는 각이 90°인 두 직선

1 시계를 사용하지 않고 시각을 알 수 있는 방법을 서술하시오.

STEAM

2 해시계 앙부일구의 불편한 점을 서술하시오.

앙부일구

18 시차

정답 및 해설 10쪽

우리가 사용하는 표준 시각은 그리니치 평균시(세계시)보다 9시간 빠릅니다. 영국 런던이 1월 1일 00시이면 런던의 동쪽에 위치한 우리나라 서울은 1월 1일 09시이고, 런던의 서쪽에 위치한 미국 뉴욕은 12월 31일 19시, 미국 LA는 16시입니다. 서울에서 미국 뉴욕의 시간을 알아보려면 14시간을 빼야 하고, 미국 LA는 17시간을 빼야 합니다. 표준 시각은 영국 런던 외곽의 그리니치 천문대를 지나는 본초자오선(경도 0° 00′ 00″)을 기준으로 합니다. 그리니치 천문대를 00시 00분 00초로 기준으로 하여 전 세계를 24개의 시간대로 구분하기 때문에 나라별로 시차가 생깁니다.

 용어풀이

• 시차: 세계 각 지역의 시각 차이

1 캐나다 토론토는 서울보다 14시간 느린 시각을 사용한다. 토론토의 시각이 10일 오후 6시일 때, 서울의 시각을 구하시오.

STEAM

2 시차가 생기는 이유를 서술하시오.

19 요일

정답 및 해설 11쪽

현재 우리가 사용하는 요일의 기원은 분명하지 않습니다. 고대인들이 천문 현상을 관측하여 만든 것은 분명하지만, 최초의 기원을 명확히 밝히기는 어렵습니다. 고대인들은 하늘을 관찰하다가 보통의 별과는 다른 다섯 개의 천체를 발견했습니다. 그것은 수성, 금성, 화성, 목성, 토성의 다섯 행성이었습니다. 고대에는 이 다섯 행성에 태양과 달을 더한 일곱 개의 천체가 가장 중요한 관측 대상이었습니다. 고대인들은 이 일곱 천체가 번갈아 가며 하루를 지배한다고 생각하여 일주일이라는 기간을 생각해 냈습니다. 요일(曜日)의 曜가 '빛날 요'이므로, 일요일(日曜日)은 태양이 빛나는 날, 월요일(月曜日)은 달이 빛나는 날, 화요일(火曜日)은 화성이 빛나는 날 등 이런 뜻으로 이해할 수 있습니다.

 용어풀이

- 관측: 눈이나 기계로 자연 현상이나 천체의 변화 등을 관찰하는 것

1 이번 달 19일은 목요일이다. 이번 달 3일은 무슨 요일이었을지 쓰고, 그 이유를 서술하시오.

STEAM

2 6월 10일은 금요일이다. 7월 12일은 무슨 요일인지 구하고, 그 이유를 서술하시오.

정답 및 해설 11쪽

시계의 역사는 옛날 이집트 시대 때부터 시작되었습니다. 인류 최초의 시계는 무엇일까요? 바로 해시계입니다. 해시계는 태양의 움직임에 따라 생기는 물체의 그림자의 길이와 위치의 변화를 보고 시각을 알았습니다. 최초의 해시계는 그노몬(gnomon)으로, 이집트 아낙시만드로스가 발명했습니다. 그노몬은 땅에 막대기를 꽂고 바닥에 눈금을 표시한 모양입니다.

 용어풀이

• 해시계: 태양의 움직임에 따라 시각을 알 수 있도록 만든 도구

1 다음은 형준이와 지우가 아침에 일어난 시각을 나타낸 것이다. 더 늦게 일어난 사람은 누구인지 쓰고, 그 이유를 서술하시오.

형준

지우

STEAM 2 만약 시계가 없을 경우 좋은 점과 나쁜 점을 서술하시오.

21 한국의 나이

정답 및 해설 12쪽

나이 또는 연령은 사람이나 동물, 식물 등이 세상에 태어나서 살아온 햇수를 말합니다. 우리나라가 사용하는 공식적인 나이 계산 방법은 만 나이입니다. 이 방법은 태어나면 0살, 태어난 지 1년, 즉 생일이 한 번 지날 때마다 1살이 늘어나는 나이 계산 방법으로 전 세계가 이와 같은 방법으로 나이를 세고 있습니다.

같은 학년이라도 나이가 다를 수 있습니다. 자신의 생일을 기준으로 아직 생일을 지나지 않은 학생은 생일이 지난 학생보다 1살 더 어리기 때문입니다. 여러분은 올해 생일이 지났나요? 올해 나이는 몇 살인가요?

- 만 나이: 출생일을 기준으로 0살로 시작하여 생일이 지날 때마다 1살씩 더하는 나이 계산법

1 나이는 자신의 생일날부터 1살이 늘어난다. 2035년 8월 5일에 35세가 되는 이수달 씨가 태어난 연도를 구하시오.

STEAM 2 오늘은 가온이가 태어난 지 3000일이 되는 날이다. 가온이의 나이가 몇 살인지 구하고 그 방법을 서술하시오. (단, 1년은 365일이라고 가정한다.)

영주와 영진이는 세상에 둘도 없는 단짝친구입니다. 두 친구는 어른이 되어서도 지금처럼 친한 친구면 좋겠다는 생각을 합니다. 영주와 영진이는 어른이 되어서 함께 열어 볼 타임캡슐을 만들기로 했습니다. 타임캡슐이란 추억이 될 만한 물건이나 사진, 편지와 같은 것을 통에 넣어 오랜 기간 보관해 두었다가 정한 시간이 되면 열어 보는 것입니다. 타임캡슐은 보통 땅에 묻어서 보관합니다. 영주와 영진이는 타임캡슐에 넣을 물건을 정하고 미래의 자신에게 편지도 쓰려고 합니다. 여러분은 미래의 자신에게 어떤 이야기를 해 주고 싶나요? 영주와 영진이처럼 미래의 자신에게 편지를 써 봅시다.

▲ 타임캡슐

• 단짝친구: 서로 뜻이 맞거나 매우 친하여 항상 함께 어울리는 친구

1 영주와 영진이는 타임캡슐을 묻은 후 60개월이 지난 후 열어 보기로 했다. 타임캡슐을 열어 보는 날은 지금으로부터 몇 년 후인지 서술하시오.

2 미래의 자신에게 편지를 쓴다면 어떤 내용의 편지를 쓰고 싶나요? 30년 후 미래의 자신에게 편지를 써 보시오.

23 조상들의 길이 단위

정답 및 해설 13쪽

우리 조상들이 사용한 길이 단위에는 치, 자, 리, 뼘, 발 등의 단위가 있습니다. 치는 손가락 한 마디의 길이로, 지금의 약 3 cm입니다. 자는 치의 10배의 길이입니다. 리는 약 400 m의 길이로, 먼 거리를 표현할 때 사용된 단위입니다. 뼘은 엄지손가락과 다른 손가락을 완전히 펴서 벌렸을 때의 길이로, 비교적 짧은 거리를 잴 때 사용했습니다. 발은 두 팔을 양옆으로 벌렸을 때 한쪽 손끝에서 다른 손끝까지의 길이입니다. 옛날에는 다양한 길이 단위가 사용되었고, 기준이 명확하지 않아 많이 불편했습니다. 이러한 불편을 해결하고자 새로운 길이 단위가 만들어졌고, 지금 우리가 사용하는 길이 단위는 1799년에 처음 정해졌습니다.

• 단위: 길이, 무게, 시간 등의 수량을 수치로 나타낼 때 기초되는 일정한 기준

1 치는 손가락 한 마디의 길이로, 지금의 약 3 cm입니다. 75치는 몇 cm인지 구하시오.

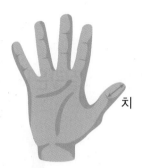

치

STEAM

2 길이를 나타내는 단위가 m뿐이라고 할 때, 편리한 점과 불편한 점을 각각 서술하시오.

미터법

정답 및 해설 13쪽

길이는 cm(센티미터)   질량은 kg(킬로그램)   시간은 s(초)

오늘날 전 세계는 모두 같은 길이, 질량, 시간의 단위를 사용하고 있습니다. 이것은 1790년 탈레랑의 제안에 의한 것입니다. 나라마다 다른 단위를 사용하게 돼서 생기는 불편함과 시간적 · 경제적 손실을 줄이려는 시도였습니다. 처음 1 m의 기준은 자오선의 길이(지구의 남극에서 북극까지의 거리)를 40000000으로 나눈 것이었습니다. 하지만 오랜 시간이 지나면 자오선의 길이가 조금씩 달라진다는 사실을 알게 되어 기준을 바꾸었습니다.

현재 1 m의 기준은 빛이 진공에서 진행한 길이를 기준으로 계산합니다. 우리나라는 1963년부터 m의 단위를 사용했으며, 지금까지도 정확하고 통일된 단위를 사용하기 위해 노력하고 있습니다.

▲ 미터법

• 자오선: 지구의 남극과 북극을 이은 선

1 세계 여러 나라가 같은 길이, 질량, 시간의 단위를 사용할 때, 편리한 점은 무엇인지 서술하시오.

STEAM

2 나라마다 1 m의 길이가 다르다면 어떤 일이 일어날지 서술하시오.

IV

규칙성

25 달력

정답 및 해설 14쪽

일 년은 며칠인지 알고 있나요?

우리는 일 년을 365일이라고 알고 있습니다. 하지만 4년에 한 번씩 366일입니다. 2월이 29일까지인 해가 있기 때문입니다. 또한, 매월의 날짜는 모두 다릅니다. 1월은 31일, 2월은 28일이나 29일, 3월은 31일, 4월은 30일, 5월은 31일, 6월은 30일, 7월은 31일, 8월은 31일, 9월은 30일, 10월은 31일, 11월은 30일, 12월은 31일입니다. 2월은 4년에 한 번씩 29일이 됩니다. 지구가 태양 주위를 1바퀴 도는 공전을 하는 데 시간이 365일보다 조금 더 걸리기 때문입니다.

• **공전**: 지구가 태양 주위를 1년에 1바퀴 도는 것

1 2028년은 2월이 29일까지 있어 1년이 366일이다. 빈칸을 모두 채워 2028년 2월 달력을 완성하시오.

일	월	화	수	목	금	토
		1	2	3		

STEAM 2 2028년은 1년이 366일이다. 1년이 366일인 해를 윤년이라고 할 때, 2000년부터 2050년까지 윤년은 총 몇 번 있는지 서술하시오.

26 다음에 올 수는?

정답 및 해설 14쪽

$2 - 5 - 9 - 14 -$

일정한 규칙을 가진 수들이 나열된 것을 수열이라고 합니다. 이어진 수들을 보고 다음에 올 수를 맞추는 문제를 풀어야 합니다. 이 문제를 풀기 위해서는 앞에 나온 수들 사이의 규칙성을 찾아야 합니다. 규칙성을 찾아 다음에 들어갈 수는 무엇인지 예상해 보세요.

• 수열: 일정한 규칙을 가진 수들의 나열

1 다음 <보기>의 수열에서 □ 안에 알맞은 수를 쓰고, 그 이유를 서술하시오.

보기

$$2, \ 5, \ 9, \ 14, \ 20, \ \square$$

STEAM

2 자신만의 규칙으로 수를 나열해 보고, 규칙을 설명하시오.

정답 및 해설 15쪽

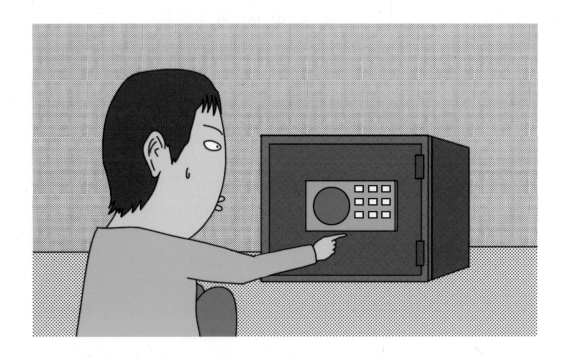

유준이는 생일선물로 작은 금고를 받았습니다. 평소에 자신만의 보물을 많이 가지고 있던 유준이는 이 금고에 자신의 보물을 보관하려고 합니다. 하지만 금고의 비밀번호를 잊어버릴 것이 두려워 특별한 규칙으로 비밀번호를 정하려고 합니다. 유준이와 함께 금고의 비밀번호를 완성해 보세요.

 용어풀이

• 비밀번호: 은행, 금고 등에서 안전을 위해 미리 정하여 쓰는 고유의 문자열

1 유준이의 금고는 다음과 같이 9개의 버튼이 있다. 금고의 버튼에 그려진 숫자와 화살표가 의미하는 것을 서술하시오.

OPEN	1↓	2←
2→	1←	1↑
2→	2↑	1←

STEAM 2 금고를 열려면 9개의 버튼을 순서대로 모두 눌러야 하고, 마지막에 OPEN 버튼을 눌러야 한다. 금고를 열기 위해 눌러야 하는 버튼을 순서대로 쓰시오. (단, 버튼은 한 번씩만 누른다.)

정답 및 해설 15쪽

한글의 '한'은 크다는 뜻입니다. 다시 말해 한글은 '큰 글'이라고 할 수 있습니다. 세계 문자 가운데 한글, 즉 훈민정음은 가장 신비로운 문자라고 합니다. 세계 문자 가운데 유일하게 한글만이 그것을 만든 사람과 반포한 날짜를 알며, 글자를 만든 원리까지 알기 때문입니다. 세계에 이런 문자는 없습니다. 그래서 한글은 유네스코 세계기록유산으로 등재되었습니다.

 용어풀이

- 유네스코 세계기록유산: 세계의 귀중한 기록물을 보존하고 활용하기 위해 선정하는 문화유산

1 한글을 이루는 기본 자음을 모두 쓰고, 모두 몇 개인지 구하시오.

STEAM 2 다음 <보기>는 어떤 규칙에 따라 나열된 글자이다. ☐ 안에 들어갈 글자는 무엇인지 쓰고, 그 이유를 서술하시오.

> **보기**
>
> 가, 댜, 머, 셔, 조, ☐

사람들은 돈이 생기면 당장 써 버리는 대신 미래를 위해 모아 두곤 합니다. 이처럼 가지고 있는 돈 중에서 일부를 쓰지 않고 모아 두는 것을 저축이라고 합니다. 저축을 하면 갑자기 돈이 필요한 경우에 저축한 돈을 사용할 수 있고, 돈을 모아 사고 싶은 물건을 살 수도 있습니다. 또한, 우리가 저축한 돈은 우리나라의 경제를 튼튼하게 키우는 데 도움이 됩니다. 은행에 돈을 맡기면 은행은 돈이 필요한 사람이나 기업에 빌려줄 수 있기 때문입니다. 여러분은 얼마나 많은 저축을 하고 있나요?

용어풀이

• **저축**: 함부로 쓰지 않고 꼭 필요한 데만 써서 아끼고 모아 두는 것

1 태영이는 매일 10원, 50원, 100원, 500원의 순서로 동전 1개씩을 저축하려고 한다. 오늘 10원을 저축했을 때, 오늘부터 20일 후까지 저축한 돈은 모두 얼마인지 구하시오.

STEAM
2 사고 싶은 물건과 가격을 생각해 보고, 그 물건을 사기 위해 어떻게 돈을 모을 것인지 서술하시오.

정답 및 해설 16쪽

알파고는 구글의 딥마인드사가 개발한 인공지능 바둑 프로그램입니다. 2015년 10월 중국의 판후이 2단과의 5번의 대결에서 모두 승리해 프로 바둑 기사를 이긴 최초의 컴퓨터 바둑 프로그램이 되었습니다. 2016년 3월에는 세계 최상위 수준급의 프로 기사인 우리나라의 이세돌 9단과의 5번의 대결에서 4승 1패로 승리해 현존 최고의 바둑 인공지능 프로그램이 되었습니다. 그러나 알파고는 2017년 5월 27일 이후 더 이상 바둑 경기에 참가하지 않는다고 밝혔습니다.

▲ 알파고

용어풀이

• 인공지능: 인간의 지능을 컴퓨터로 실현하는 기술

1 다음은 어떤 규칙으로 나열된 바둑돌의 모습이다. 다음에 올 바둑돌의 모양을 그리고 그 이유를 서술하시오.

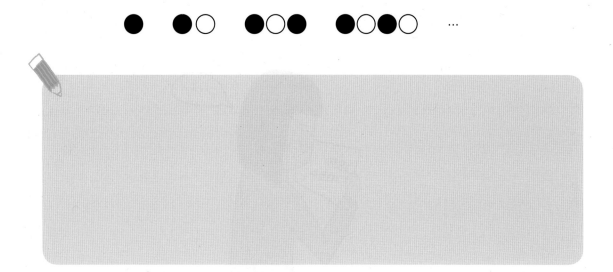

STEAM

2 바둑돌을 다음과 같은 규칙으로 나열했다. 여섯 번째 모양을 만드는 데 필요한 검은 바둑돌과 흰 바둑돌의 개수를 각각 구하시오.

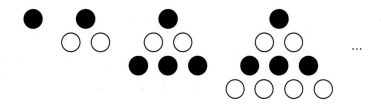

31 암호를 풀어라!

정답 및 해설 16쪽

가온이는 지우에게서 작은 쪽지를 하나 받았습니다. 그 쪽지에는 의미를 알 수 없는 숫자들이 적혀 있었습니다. 숫자들의 의미가 궁금한 가온이는 지우에게 그 의미를 물어보았습니다. 하지만 지우는 '암호해독'이라는 쪽지만 주고 사라졌습니다. 가온이가 받은 쪽지에 적혀 있는 숫자들의 의미는 무엇인지 알아봅시다.

• **암호해독**: 잘 알 수 없는 암호나 기호를 읽어서 푸는 것

1 다음은 지우가 가온이에게 준 쪽지의 암호해독표입니다. 표를 완성하시오.

ㄱ	ㄴ			ㅁ
0	1	2	3	4
ㅏ				ㅗ
5	6			9

STEAM

2 **1**의 암호해독표를 보고 <보기>의 암호를 해독하시오.

〈보기〉

| 35 | 481 | 470 | 09 | 05 |

민서는 도서관에서 새로운 수학책을 발견했습니다. 책의 이름은 '규칙이 있는 계산'이었습니다. 이 책은 민서가 알고 있던 **연산기호**와 계산 방법이 아닌 새로운 방법으로 계산을 하는 내용이 있었습니다. 책의 마지막에는 '이 책을 이해하는 사람은 수학의 달인이 될 수 있다.'라고 적혀 있었습니다. 모두 이 책의 규칙을 이해하고 수학의 달인이 되어 봅시다.

 용어풀이

• **연산기호**: 연산에서 쓰이는 여러 가지 기호로, +, −, ×, ÷ 등이 있다.

1 다음 <보기>는 책의 내용의 일부이다. 연산기호 ▼의 계산 방법을 서술하시오.

보기

$$2▼3=11 \qquad 4▼1=9 \qquad 5▼3=23$$

$$7▼3=31 \qquad 2▼2=8 \qquad 9▼7=79$$

STEAM 2 **1**의 계산 방법으로 6▼7의 값을 구하시오.

V

확률과 통계

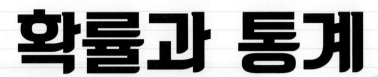

정답 및 해설 18쪽

'지구에 사는 다양한 생물을 어떻게 분류할 수 있을까?'

이 문제는 오랫동안 많은 학자들의 고민거리였습니다. 스웨덴의 식물학자인 린네는 분류의 기본 단위를 '종'이라고 했습니다. 종은 한 생물의 겉모습, 색깔, 크기, 번식의 여부로 구분합니다. 종은 다시 '속'이라는 분류 집단에 속하고, 과, 목, 강, 문, 계의 상위 단계로 올라갈수록 더 넓은 의미의 분류 집단에 속하게 됩니다.

▲ 동물 분류

 **용어풀이**

- 속: 종보다 큰 분류 집단

1 다음 두 동물의 특징을 각각 3가지씩 쓰시오.

▲ 개구리

▲ 펭귄

STEAM

2 다음 동물들을 분류할 수 있는 기준을 정하고, 두 모둠으로 분류하시오.

▲ 개구리

▲ 펭귄

▲ 고등어

▲ 치타

34 식물 분류

정답 및 해설 18쪽

작은 이끼나 고사리부터 벼, 민들레, 진달래, 참나무까지 식물의 종류는 매우 많고, 특징도 저마다 다릅니다. 이렇게 많은 종류의 식물을 잘 구분해 정리하려면 어떻게 해야 할까요? 식물은 가장 먼저 꽃이 피는 식물과 꽃이 피지 않는 식물로 나눌 수 있습니다. 꽃이 피는 식물을 꽃식물, 꽃이 피지 않는 식물을 민꽃식물이라고 합니다. 이렇게 기준을 정해 식물을 구분하는 것을 식물 분류라고 합니다.

- 식물 분류: 기준을 정해 식물을 구분하는 것

1 다음 두 식물의 공통점과 차이점을 서술하시오.

▲ 튤립

▲ 벚나무

2 다음 식물들을 두 무리로 분류하고, 분류 기준을 서술하시오.

▲ 튤립

▲ 벚나무

▲ 딸기

▲ 진달래

 **35 벤다이어그램**

정답 및 해설 19쪽

여러 가지 사물을 분류하고 정리할 때 그림을 그리는 것이 편리할 때가 있습니다. 이때 활용할 수 있는 그림 중 하나가 벤다이어그램입니다. 벤다이어그램은 영국의 수학자 존 벤이 만들었으며 그의 이름을 따 이름을 지었습니다. 이 그림은 수학뿐만 아니라 **논리학** 등에서도 사용될 만큼 그 우수성을 인정받았으며, 존 벤은 아이작 뉴턴과 함께 오늘날 가장 영향력 있는 수학자로 선정될 만큼 많은 존경을 받고 있습니다.

 **용어풀이**

- **논리학**: 바른 판단을 하기 위한 올바른 생각의 방식을 연구하는 학문

1 다음 벤다이어그램의 조건에 맞는 것을 각각 2가지 써넣으시오.

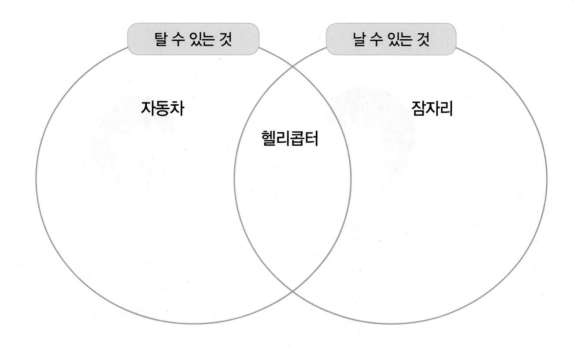

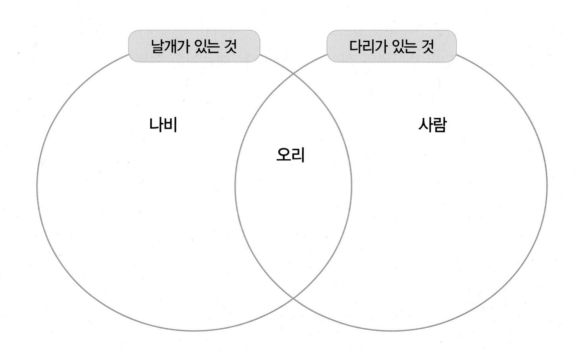

태윤이의 별명은 **주사위**의 신입니다. 태윤이는 태어난 지 6개월이 되었을 때, 실수로 작은 주사위를 삼킨 후 주사위의 신이 되었습니다. 태윤이는 어떤 주사위든지 던지기만 하면 자신이 원하는 숫자를 나오게 하는 능력이 있습니다. 주사위의 신 태윤이의 능력을 수학적으로 탐구해 봅시다.

용어풀이

- **주사위**: 정육면체의 각 면에 하나에서 여섯까지의 점을 새긴 놀이 도구로, 바닥에 던져 위쪽에 나타난 점수로 승부를 결정한다.

1 주사위 2개를 동시에 던져 나올 수 있는 모든 경우의 수를 구하시오.

STEAM

2 다음은 태윤이가 주사위를 만들려고 준비한 모양이다. (가)와 (나) 중 주사위의 모양으로 적절한 것을 고르고, 그 이유를 서술하시오.

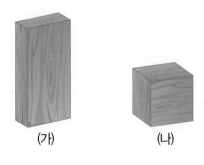

(가)   (나)

정답 및 해설 20쪽

같은 반 유준이와 태영이는 우등생으로 서로 **경쟁**하는 사이입니다. 두 친구 모두 운동도 잘해서 달리기도 반에서 1, 2등을 다툽니다. 몸무게도, 밥을 먹는 양도 1, 2등을 다투는 사이입니다. 이번에는 두 친구가 시험 성적으로 경쟁하고 있습니다. 두 친구 중 더 성적이 좋은 친구는 누구일까요?

- **경쟁**: 이기거나 앞서려고 서로 겨룸

1 다음은 유준이와 태영이의 수학 점수이다. 2번의 시험 결과 두 학생의 시험 점수의 합이 같다고 할 때, 태영이의 1회 수학 점수는 몇 점인지 구하시오.

구분	1회	2회	합계
유준	95	90	
태영		100	

STEAM

2 유준이와 태영이 중 성적이 더 좋은 학생은 누구인지 자신의 생각을 쓰고, 그 이유를 서술하시오.

구분	국어	수학	영어	합계
유준	95	90	95	
태영	100	100	80	

38 고래가 좋아하는 밥

정답 및 해설 20쪽

고래밥이라는 과자를 먹어 본 적이 있나요? 고래밥은 1984년에 처음 만들어진 과자로, 나이가 35살이 넘었습니다. 고래밥 한 봉지에는 고래, 오징어, 문어, 복어, 거북, 게, 불가사리, 상어, 새우 등의 다양한 모양의 과자가 들어 있습니다. 다양한 모양의 과자를 먹을 수 있기 때문인지 고래밥은 지금까지도 많은 사람이 좋아하는 과자 중 하나입니다. 고래밥에 들어 있는 다양한 모양의 과자 중 어떤 모양의 과자가 가장 많이 들어 있을까요?

▲ 고래밥

• 고래밥: 1984년 제과회사 오리온에서 만든 과자

1 고래밥은 고래와 고래가 먹는 바다 생물의 모양을 한 과자이다. 고래, 오징어, 문어, 복어, 거북, 게, 불가사리, 상어, 새우 모양 중에서 가장 많이 들어 있을 것으로 생각되는 모양은 어떤 모양인지 쓰고, 그 이유를 서술하시오.

STEAM 2 다음은 고래밥에 들어 있는 과자의 모양을 조사한 표이다. 표를 그래프로 나타내시오.

[과자의 모양]

모양	오징어	불가사리	고래	게	합계
개수(개)	7	4	10	6	27

11				
10				
9				
8				
7				
6				
5				
4				
3				
2				
1				
개수(개) / 모양	오징어	불가사리	고래	게

39 일기예보

정답 및 해설 21쪽

오늘 아침은 맑음입니다. 하지만 유선이는 학교 가는 길에 우산을 챙겨 나갑니다. 왜 그럴까요? 그 이유는 유선이가 아침에 **일기예보**를 보았기 때문입니다. 일기예보에서 날씨가 점점 흐려져 오후에는 비가 내릴 것이라고 했습니다. 일기예보를 본 유선이는 오후에 비가 내려도 우산이 있으니 걱정이 없을 것입니다.

• 일기예보: 날씨 변화를 예측하여 미리 알리는 일

1 다음은 어느 날 하루 동안의 기온을 조사하여 나타낸 그래프이다. 그래프를 보고 이날 가장 기온이 높았던 시각은 언제인지 서술하시오.

[하루 동안의 기온]

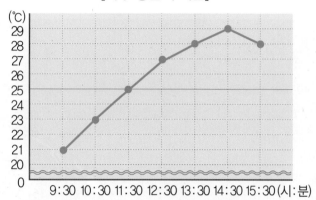

STEAM

2 **1**의 그래프를 보고 17시 30분의 기온은 몇 ℃일지 예상하고, 그 이유를 서술하시오.

 **인구 증가**

정답 및 해설 21쪽

1950년에 약 25억 명이었던 세계 인구는 1987년에 약 50억 명으로 증가했습니다. 37년 사이에 2배로 증가한 것입니다. 많은 학자들은 앞으로 계속 세계 인구가 빠르게 증가할 것으로 예상합니다. 의료 기술의 발전과 생활 수준의 향상으로 세계 인구가 증가하면서 식량 부족, 환경오염, **자원 고갈** 등 여러 가지 문제가 발생하고 있습니다. 늘어나는 인구에 따라 이러한 문제에 대한 준비가 필요할 것입니다.

▲ 세계 인구

• **자원 고갈**: 자원을 모두 사용하여 없어짐

1 다음은 1960년부터 2015년까지 우리나라 인구 수를 조사하여 나타낸 그래프이다. 2050년의 우리나라 인구는 몇 명일지 쓰고, 그 이유를 서술하시오.

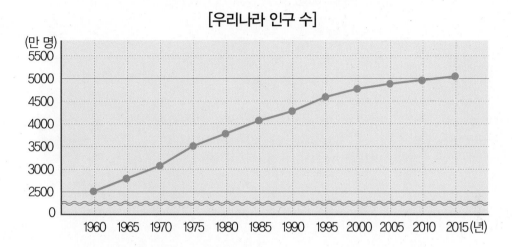

[우리나라 인구 수]

STEAM
2 2000년 이후부터 우리나라의 인구가 증가하는 정도가 점점 줄어들고 있다. 그 이유를 서술하시오.

VI

융합

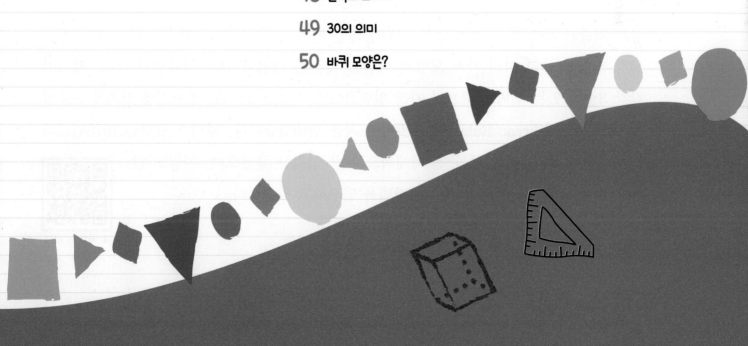

정답 및 해설 **22쪽**

큐브 퍼즐은 작은 여러 개의 상자 모양(**정육면체**)의 입체도형이 모여 만들어진 하나의 큰 상자 모양을 돌려 여러 가지 모양과 색깔을 맞추는 게임입니다. 정육면체 가로, 세로에 각각 3줄씩 있는 루빅스 큐브가 가장 일반적이며, 이것은 1974년 헝가리의 건축학 교수였던 에르노 루빅(Errno Rubik)이 개발하여 처음 판매했습니다. 루빅스 큐브는 1970년대와 1980년대에 우리나라는 물론 전 세계적으로 큰 인기를 끌었으며, 지금도 많은 사람이 모양을 찾아내고 맞추는 방법을 연구하고 있습니다.

▲ 루빅스 큐브

용어풀이

- **정육면체**: 주사위처럼 여섯 개의 면이 모두 같은 크기의 정사각형으로 이루어진 도형

1 정육면체 가로, 세로에 각각 3줄씩 이루어진 루빅스 큐브를 만들기 위해서 필요한 작은 정육면체의 개수를 구하시오.

STEAM 2 정육면체 가로, 세로에 각각 3줄씩 이루어진 루빅스 큐브의 겉면의 칸마다 스티커를 하나씩 붙이려고 한다. 필요한 스티커의 개수를 구하시오.

 **42** 데칼코마니

정답 및 해설 22쪽

데칼코마니가 무엇인지 알고 있나요?

데칼코마니는 종이 위에 물감을 바르고 그것을 두 겹으로 접거나 다른 종이를 그 위에 찍었다 떼어 내 만드는 미술 기법입니다. 누구나 한 번은 데칼코마니를 이용해 작품을 만들어 보았을 것입니다. 이렇게 만든 작품의 특징은 물감으로 그린 모양과 찍어 낸 모양이 대칭이 된다는 것입니다.

▲ 데칼코마니

 용어풀이

• **대칭**: 양쪽에 있는 부분이 꼭 같은 모양으로 마주하고 있는 것

1 0부터 9까지의 숫자 중 데칼코마니를 이용해 찍어도 모양이 달라지지 않는 것을 모두 고르시오.

STEAM

2 오른쪽에 자신의 이름을 쓰고, 종이를 반으로 접어 찍었을 때의 모양을 그리시오.

43 10원의 가치

정답 및 해설 23쪽

현재 우리나라에서 사용하고 있는 화폐단위에서 가장 작은 단위는 10원입니다. 그 아래 자릿수는 대부분 사용하지 않습니다. 그런데 많은 사람이 알고 있는 것처럼 현재 10원은 화폐 자체의 가격보다 10원을 만들어 내는 데 더 많은 돈이 듭니다. 10원을 만들기 위해서 국가는 엄청난 양의 금액을 손해 보며 어쩔 수 없이 만들고 있습니다. 누군가는 10원을 만들지 않으면 되지 않냐고 쉽게 이야기할지도 모릅니다. 하지만 이것은 말처럼 쉽지 않습니다. 왜냐하면 10원이 없어지는 순간 우리가 사용하는 돈의 가장 작은 단위가 바뀌게 되고, 이로 인해 물건의 **가격**이 오르기 때문입니다.

▲ 동전

 용어풀이

• **가격**: 물건이 지니고 있는 가치를 돈으로 나타낸 것

1 10원짜리 10개는 100원짜리 1개로 바꿀 수 있다. 태영이가 매일 10원씩 64일간 저금한 돈을 100원짜리로 바꾸면 100원짜리 몇 개로 바꿀 수 있는지 구하시오.

STEAM

2 10원짜리 동전 1개로 부모님을 기쁘게 해 드릴 수 있는 아이디어를 서술하시오.

44 마야 숫자

정답 및 해설 23쪽

마야 문자는 중앙아메리카에 위치했던 마야 문명에서 사용하던 문자입니다. 마야 문자는 아메리카 문명의 문자 중 유일하게 상당 부분이 해독되었으나, 16세기 말 마야 문명이 스페인 침략자에게 멸망하면서 사라졌습니다. 마야 문명의 마야 숫자는 0을 사용했으며, 같은 숫자라도 자릿수에 따라 수의 크기가 달라지는 것을 알고 있었습니다. 마야 문명은 발달한 숫자를 활용해 지구와 금성의 태양 공전 궤도를 정밀하게 계산했습니다. 또, 이를 바탕으로 일식과 월식을 정확하게 예측할 수 있었습니다. 마야 문명에서 사용하던 달력은 1년을 18개월로 나누고 한 달을 20일로 했으며, 한 해의 마지막에는 5일을 추가했습니다. 이것은 지금 우리가 사용하고 있는 태양력과 같습니다.

- 태양력: 지구가 태양의 둘레를 1회전하는 동안을 1년으로 하는 달력으로, 양력이라고 한다.

1 다음은 마야 숫자이다. 빈칸에 들어갈 마야 숫자를 그림으로 나타내시오.

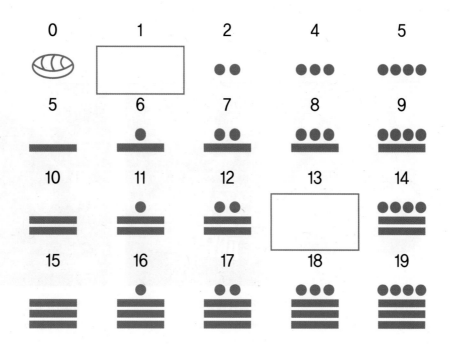

2 오늘날 마야 숫자가 사용되지 않는 이유를 서술하시오.

45 영화 평점

정답 및 해설 24쪽

바비

평점 7.0　예매율 1.8%

몬스터 패밀리 2

평점 9.8　예매율 1.6%

명탐정 코난: 흑철의 어영

평점 8.7　예매율 1.6%

지우는 가족들과 함께 주말에 영화를 보기로 했습니다. 그래서 평소에 가장 보고 싶었던 영화를 골라 아버지께 말씀드렸습니다. 그랬더니 아버지께서는

"인터넷에 보니까 그 영화는 **평점**이 별로던데……."

라고 하시며, 별로 좋아하지 않으셨습니다. 아빠의 말씀을 듣고 지우는 영화 평점이 무엇을 의미하고, 왜 중요한지 이해할 수 없었습니다.

도대체 영화에 점수를 왜 매기는 걸까요?

- **평점**: 가치를 평가하여 매긴 점수

1 영화 평점의 숫자와 별 표시가 의미하는 것을 서술하시오.

2 영화 평점을 매겨 사람들이 볼 수 있도록 하는 이유를 서술하시오.

46 무지개 아파트

정답 및 해설 24쪽

"넌 어떤 색깔 동에 사니?"

"난 파란 동에 살아."

지우네 아파트 **단지**에서는 위와 같은 내용의 대화를 종종 들을 수 있습니다. 그 이유는 아파트의 동마다 다른 색깔을 하고 있어 색깔로 이야기하는 경우가 많기 때문입니다. 어느 날 학교를 마치고 집으로 돌아오던 지우는 다양한 색으로 칠해진 여러 동의 아파트를 보다가 문득 바깥벽에 적혀 있는 숫자들이 무엇을 의미하는지 궁금했습니다. 각각의 숫자들이 의미하는 것은 과연 무엇일까요?

- **단지**: 집, 공장 등이 집단을 이루고 있는 일정 구역

1 지우가 사는 아파트의 바깥벽에는 '608'이라는 세 자리 수가 쓰여 있다. 이 수가 의미하는 것을 서술하시오.

STEAM 2 아파트의 바깥벽에 쓰여진 숫자와 같이 어떤 물건이나 사람을 구분하기 위해 이름과 같은 의미로 숫자가 사용되는 경우를 찾아보시오.

칠교놀이는 커다란 정사각형을 직각삼각형 큰 것 2개, 중간 것 1개, 작은 것 2개, 그리고 정사각형과 평행사변형이 각각 1개가 되도록 잘라낸 7개의 조각으로 동물, 식물, 글자, 건축물 등 여러 가지의 독창적인 모양을 만드는 놀이입니다. 이때 반드시 7개의 조각을 모두 사용해야 합니다. 칠교라는 이름은 이 나무판이 7개로 이루어진 데서 왔습니다. 고서(古書) 중에 칠교놀이의 방법을 그린 『칠교해(七巧解)』가 전해지는데, 여기에는 300여 종에 달하는 모양이 그려져 있습니다. 이를 통해 칠교놀이는 오래전부터 즐겼던 놀이임을 알 수 있습니다.

• 고서: 아주 오래된 책

1 오른쪽 모양은 칠교 조각을 이용해 만든 모양이다. 어떤 모양으로 만든 것인지 그리시오.

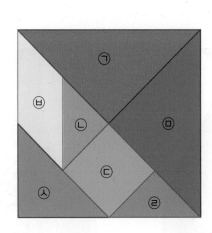

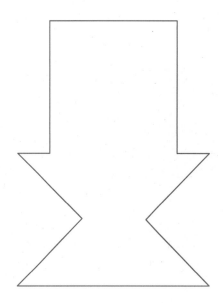

2 **1**의 칠교 조각 중 2개를 이용하여 만들 수 있는 삼각형을 모두 찾아 그리시오.

48 한국의 도자기

정답 및 해설 25쪽

▲ 고려청자

▲ 분청사기

▲ 조선백자

우리 민족의 훌륭한 **도자기** 기술은 세계적으로도 인정받고 있습니다. 한국의 도자기라고 하면 가장 익숙한 것이 '고려청자', '조선백자'입니다. 청자는 푸른색의 도자기, 백자는 하얀색의 도자기입니다. 그렇다면 분청사기는 어떤 도자기일까요? 분청사기(粉靑沙器)는 한자를 풀어서 보면 파란색 가루를 사용한 도자기입니다. 청자 표면에 하얀 흙을 발라 다시 한 번 구워 낸 것으로, 회청색이나 회황색의 도자기입니다. 분청사기는 청자에서 백자로 옮겨 가는 과정에서 등장했습니다. 조선 시대 초기부터 임진왜란 전까지 유행했고, 소박하고 자연스러운 멋으로 유명합니다. 청자나 백자에는 볼 수 없는 자유분방하고 활력이 넘치는 실용적인 형태가 특징입니다.

용어풀이

• **도자기**: 도기, 자기, 사기, 질그릇 등을 통틀어 이르는 말

1 크기와 모양이 다음과 같은 그릇 3개가 있다. 입구가 좁은 순서대로 기호를 쓰시오.

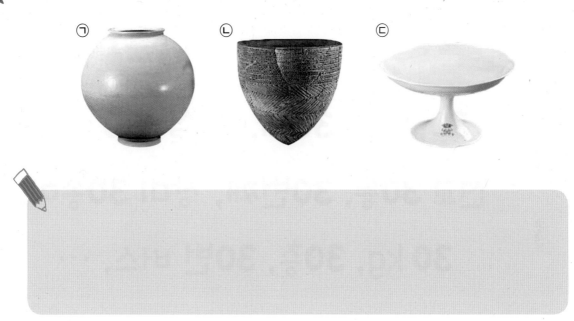

STEAM

2 다음은 무안군에서 제작한 분청사기이다. 가장 오른쪽 병에 가득 차 있는 물을 가장 왼쪽 잔에 따르면 몇 잔이나 나올지 쓰고, 그 이유를 서술하시오.

정답 및 해설 26쪽

30, 사과 30개, 30살, 30 cm, 전교 30등, 30번째, 장미 30송이, 30 kg, 30층, 30번 버스, …

아주 옛날 사람들은 '많다'와 '적다'를 겨우 구별할 줄 아는 정도였습니다. 그러다가 곡식이나 가축, 물건 등 자기 재산이 생겼고, 다른 사람과 맞바꾸면서 자기가 가지고 있는 것의 개수나 양을 나타낼 수 있는 '수'가 만들어졌습니다. 수는 사물을 세거나 헤아린 양이나 크기, 개수나 순서 등을 나타냅니다. 수에는 3가지 의미가 있습니다. 양의 수(기수)는 1개, 2개, 3개처럼 개수나 헤아린 수를 나타내고, 순서수(서수)는 1층, 2층, 3층처럼 순서를 나타내고, 이름수(명목수)는 주민등록번호나 버스 번호처럼 이름을 나타냅니다. 숫자는 보이지 않는 수를 나타내는 **기호**로, 수보다 훨씬 뒤에 만들어졌습니다. 현재 우리는 0, 1, 2, 3, 4, 5, 6, 7, 8, 9로 나타내는 인도－아라비아 숫자를 사용합니다.

용어풀이

- **기호**: 어떠한 뜻을 나타내기 위하여 쓰이는 부호, 문자, 표지 등

1 각 수가 나타내는 30의 의미를 적어 보시오.

   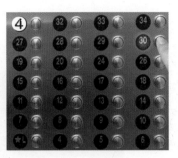

①

②

③

④

⑤

2 **1**의 수 30이 의미하는 것을 바탕으로 **1**의 수 30을 분류할 수 있는 기준을 정하고, 두 모둠으로 분류하시오.

50 바퀴 모양은?

정답 및 해설 26쪽

바퀴는 인류의 발명품 중에서 가장 중요한 것 중의 하나로, 모든 차량의 기본적인 부품입니다. 자전거, 자동차, 비행기, 수레 등 대부분 바퀴는 동그란 모양입니다. 그러나 인천 어린이과학관, 군포 수학체험관, 국립부산과학관 등에 가면 사각형 모양의 바퀴를 가진 자전거가 있습니다. 사각형 모양의 바퀴를 가진 자전거를 잘 탈 수 있을까요?

용어풀이

• 바퀴: 돌리거나 굴리려고 둥글게 만든 물건

대부분 자전거의 바퀴는 원 모양이다. 바퀴를 원 모양으로 만드는 이유를 서술하시오.

 사각형 모양의 바퀴를 가진 자전거가 잘 굴러가게 할 수 있는 방법을 서술하시오.

영재교육원

영재성검사 창의적 문제해결력 평가

기출예상문제

1 규칙에 따라 체스 말을 놓는다고 할 때, 빈 곳에 알맞은 그림을 그려 넣으시오.

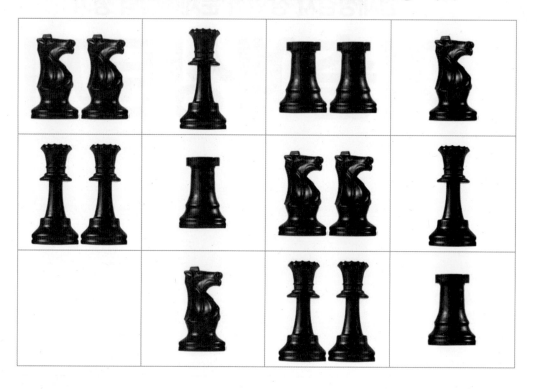

2 다음 배열된 수들의 규칙을 찾고, △와 □ 안에 들어갈 알맞은 수를 구하시오.

2, 4, 8, △, 22, 32, 44, □, …

규칙:

△:

□:

3 다음은 수달이가 새로 정한 연산기호 ◎의 연산 방법이다. 규칙을 찾아 9 ◎ 4의 값을 구하시오.

7 ◎ 1 = 0
7 ◎ 2 = 1
7 ◎ 3 = 1
7 ◎ 4 = 3
7 ◎ 5 = 2

4 수달이는 외출할 때마다 다른 색의 양말을 신는데, 수달이가 양말을 신는 방법은 다음과 같다.

┌─ 방법 ─┐

① 양말을 신을 때에는 양말 줄의 가장 오른쪽에 있는 양말부터 신는다.
② 매일 신은 양말은 빨래를 하고, 빨래를 마친 양말은 양말 줄의 가장 왼쪽에 놓는다.

수요일 아침 양말을 신기 전 양말 줄은 다음 그림과 같다.

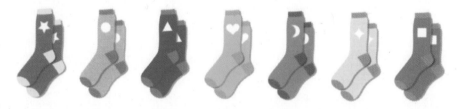

수달이는 이번 주 일요일, 다음 주 화요일, 다음 주 목요일에는 외출을 하지 않는다. 다음 주 토요일 외출할 때 신을 양말의 색깔과 양말에 그려진 모양은 무엇인지 쓰시오.

5 토끼 한 마리가 숲속을 돌아다니고 있다. 토끼는 알파벳 지시에 따라 작은 정사각형 한 칸씩 움직인다. 토끼가 아래 지도의 토끼 그림 위치에서 출발하여 다음의 〈알파벳 지시〉에 따라 움직였을 때 도착하는 위치에 ☆을 그려 넣으시오. (단, 알파벳의 이동 방향은 지도의 오른쪽에 그려져 있다.)

W N E N E S

6 다음 동물들을 두 무리로 분류하고, 분류 기준을 서술하시오.

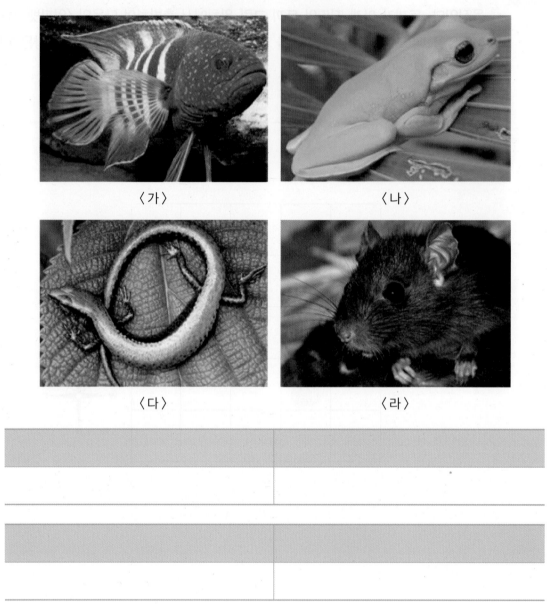

〈가〉

〈나〉

〈다〉

〈라〉

7 다음 두 도형의 크기를 비교할 수 있는 방법을 3가지 서술하시오.

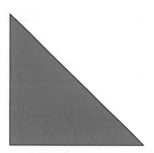

8 다음과 같이 지문 인식 도어락을 열 때나 스마트폰의 잠금을 해제할 때 우리는 지문 인식 기능을 이용한다. 우리 주위에서 지문 인식 기능을 이용한 경우를 3가지 서술하시오.

▲ 지문 인식 도어락　　　　　　　　　▲ 스마트폰 잠금 해제

9 다음은 고무줄을 이용한 고무 동력 수레이다. 이 고무 동력 수레의 재료를 변경하여 더 멀리까지 움직이게 할 수 있는 방법을 2가지 서술하시오.

10 스테이플러와 집게는 용수철을 사용하여 만든다. 우리 주위에서 용수철을 사용하는 경우를 5가지 쓰시오.

▲ 스테이플러   ▲ 집게

11 다음과 같이 주어진 준비물(유리병, 물, 막대)을 이용하여 다양한 음을 낼 수 있는 악기를 만드는 방법과 소리를 내는 방법을 서술하시오.

12 액체 온도계는 온도가 높아지면 빨간색 액체 기둥이 위로 올라간다. 기체 온도계는 온도가 높아질 때 빨간색 액체 기둥이 어떻게 이동하는지 그 이유와 함께 서술하시오.

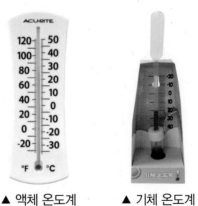

▲ 액체 온도계   ▲ 기체 온도계

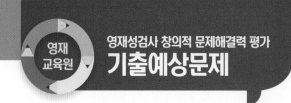
13 스마트폰은 손가락으로 화면을 터치하여 사용할 수도 있고, 터치펜으로 화면을 터치하여 사용할 수도 있다. 우리 주변에서 스마트폰 화면을 터치할 수 있는 물체를 5가지 쓰시오.

다음은 공기청정기에 사용되는 망사필터, 카본필터, 항균필터이다. 물음에 답하시오.

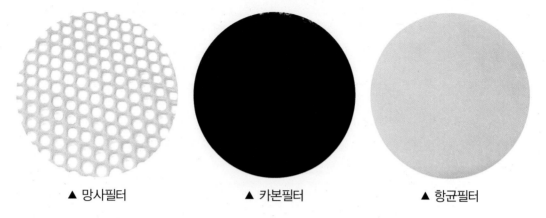

▲ 망사필터   ▲ 카본필터   ▲ 항균필터

(1) 공기청정기에서 공기가 필터를 통과하는 순서대로 나열하시오.

(2) 세 필터의 역할을 각각 서술하시오.

시대교육이 준비한
특별한 학생을 위한,
최상의 학습 시리즈

① 안쌤의 사고력 수학 퍼즐 시리즈

- 14가지 교구를 활용한 퍼즐 형태의 신개념 학습서
- 집중력, 두뇌 회전력, 수학 사고력 동시 향상

② 안쌤의 STEAM + 창의사고력
수학 100제, 과학 100제 시리즈

- 영재교육원 기출문제
- 창의사고력 실력다지기 100제
- 초등 1~6학년

안쌤과 함께하는
영재교육원 면접 특강 ⑧

- 영재교육원 면접의 이해와 전략
- 각 분야별 면접 문항
- 영재교육 전문가들의 연습문제

스스로 평가하고 준비하는! 대학부설·교육청
영재교육원 봉투모의고사 시리즈 ⑦

- 영재교육원 집중 대비·실전 모의고사 3회분
- 면접 가이드 수록
- 초등 3~6학년, 중등

※도서의 이미지와 구성은 변경될 수 있습니다.

NEW!

초등 2학년

영재교육원 영재성검사, 창의적 문제해결력 평가 완벽 대비

안쌤의

STEAM
+창의사고력
수학 100제

정답 및 해설

SD에듀
시대교육(주)

이 책의 차례

정답 및 해설

정답 및 해설

01 주사위 게임 만들기

1 모범답안

주사위를 던졌을 때 각 눈이 나오는 정도(확률)가 같아야 하기 때문이다.

해설

주사위를 공중에 던져 바닥에 떨어졌을 때 보이는 면이 결과가 된다(주로 윗면). 정육면체 모양의 주사위 한 개를 던졌을 때 나오는 경우의 수는 1, 2, 3, 4, 5, 6의 눈의 수가 나오는 6가지이며, 각 면이 나올 확률은 $\frac{1}{6}$이다. 만약 주사위의 각 면의 크기(넓이)가 다르면 각 눈의 수가 나오는 정도가 다르다. 공정한 게임을 하기 위해서는 주사위의 각 눈의 수가 나오는 정도가 같아야 한다.

2 예시답안

- 주사위 눈 곱하기: 주사위 2개를 동시에 던져 나오는 두 눈의 수를 곱한다. 곱한 값이 두 자리 수이면 각 자리의 숫자를 곱해 한 자리 수가 될 때까지 곱한다.(5와 6이 나온 경우 5와 6을 곱해 30을 구하고 3과 0을 곱해 0이 된다.) 계산한 한 자리 수가 큰 사람이 이긴다.
- 주사위 눈 빼기: 주사위 2개를 동시에 던져 나오는 두 눈의 차를 구해 두 눈의 차가 적은 사람이 이긴다.
- 주사위 눈 더하기: 주사위 2개를 동시에 던져 나오는 두 눈의 합을 구해 합이 큰 사람이 이긴다.

02 사슴벌레 키우기

1 모범답안

3천 원으로 곤충 젤리는 60개를 살 수 있다. 30일 동안 사슴벌레는 곤충 젤리 60개가 필요하므로 매일 2개씩의 곤충 젤리를 먹는다고 할 수 있다. 또, 곤충 젤리 1개는 사슴벌레 1마리가 3일 동안 먹을 수 있는 양이므로, 사슴벌레 3마리가 하루에 1개의 곤충 젤리를 먹는다고 할 수 있다. 따라서 사슴벌레 3마리가 하루에 1개의 곤충 젤리를 먹으므로 하루에 2개의 곤충 젤리를 먹는 사슴벌레의 수는 6마리임을 알 수 있다. 즉, 유준이가 키우는 사슴벌레는 모두 6마리이다.

2 예시답안

- 키울 것이다. 사슴벌레를 키우면서 생명의 소중함과 책임감 등을 기를 수 있기 때문이다.
- 키울 것이다. 환경오염과 개발로 인해 사슴벌레가 안전하게 살아갈 장소가 부족하기 때문이다.
- 키우지 않을 것이다. 사슴벌레도 생명이므로 자유롭게 사는 것이 더 행복할 것이기 때문이다.

해설

어느 주장이든 답이 될 수 있지만, 근거가 타당해야 한다. 사슴벌레는 우리나라 전역에서 채집되는 곤충이고 비교적 개체 수가 흔한 종이지만, 최근에는 환경 파괴, 무분별한 남획으로 개체 수가 줄어들고 있다. 사슴벌레 중 제주도 자생종인 두점박이사슴벌레는 환경부 지정 멸종위기 야생동식물 2급으로 지정된 곤충이다.

03 로마 숫자

1 모범답안

$12-4+27=35$

해설

Ⅹ=10, Ⅱ=2, Ⅳ=4, Ⅴ=5이므로
ⅩⅡ=12, ⅩⅩⅦ=27이다.

STEAM **2** 예시답안

· 수를 계산하기 힘들다.
· 큰 수를 나타내기 어렵다.
· 수를 나타내는 데 다양한 모양이 사용되므로 수를 나타내기 복잡하다.

해설

현재 우리는 인도-아라비아 숫자를 주로 사용하고 있지만, 여전히 시계의 문자판이나 문장의 장절 표시 등에 로마 숫자를 사용한다. 기원은 분명하지 않으나 Ⅰ, Ⅱ, Ⅲ은 막대기의 개수를 나타내고, Ⅴ는 손을 폈을 때 엄지손가락과 집게손가락이 이루는 모양을 나타내거나 Ⅹ을 반으로 자른 것이다. Ⅹ은 막대기를 10개 묶은 모양이라고 추정된다. C은 라틴어의 100(centum), M은 1000(mille)의 머리글자이다. 로마 숫자는 간단한 계산을 할 수 있지만 100을 넘는 큰 수의 경우 자릿수가 너무 커 나타내기 불편하고, 읽기도 어려워 불편함이 있었다. 또한, 복잡한 계산을 하기 무척 어렵다. 고대 로마 사람은 계산할 때 수판을 사용했는데 수판에 줄을 긋거나 홈을 판 후 그 위에 조약돌을 놓고 움직여 계산했다.

04 자동차 번호판의 숫자

1 예시답안

자동차를 구분하여 자동차의 세금이나 범칙금을 부과하기 위해서이다.

해설

학교에서 학생의 번호를 정해 구분하는 것과 같이 자동차 번호판은 차량을 공식적으로 식별하기 위해 앞·뒤쪽에 붙이는 번호판으로, 문자와 숫자의 조합으로 이루어져 있다. 처음으로 자동차 번호판을 붙인 나라는 프랑스이다. 1893년 8월 14일 시속 30 km 이상의 속도로 달릴 수 있는 자동차를 가진 사람의 이름과 주소를 적어 자동차에 붙인 것이 자동차 번호판의 시작이다. 이렇게 시작된 자동차 번호판은 1900년대부터 유럽에서 본격적으로 시작되어 전 세계로 퍼졌다.

STEAM **2** 예시답안

· 알파벳을 사용한다.
· 한글의 자음을 사용한다.
· 다양한 색깔을 이용한다.
· 간단한 단어의 조합을 사용한다.

해설

수에는 크기나 개수를 나타내는 양의 수(기수)와 순서를 나타내는 순서수(서수), 이름을 나타내는 이름수(명목수)가 있다. 이름수(명목수)로는 주민등록번호, 운동복 등번호, 전화번호, 우편번호, 버스 노선 번호, 아파트 동과 호수 등이 있다.

정답 및 해설

05 무게를 재는 저울

1

예시답안

연필이 지우개보다 17 g 더 가벼우므로 연필을 올린 접시에 추 17 g을 더 올려야 한다.

해설

윗접시 저울의 양쪽이 균형을 이루려면 양쪽 무게가 같아야 한다. 연필이 지우개보다 $95-78=17$ (g) 더 가벼우므로 양쪽 접시가 수평을 이루려면 연필 쪽에 추를 올려야 한다.

 2

예시답안

• 식당에서 요리의 양을 측정할 때 사용한다.
• 요리할 때 각 재료의 양을 측정할 때 사용한다.
• 마트에서 물건의 무게를 측정할 때 사용한다.
• 도로를 달리는 차의 무게를 측정할 때 사용한다.

06 물 이야기

1

모범답안

6000원

해설

$500+500+500+500+500+500+500+500$
$=4000$ (원)
으로 천 원짜리 4장이다.
만 원은 천 원짜리 10장과 같으므로 $10-4=6$,
거스름돈은 천 원짜리 6장인 6000원이다.

 2

예시답안

• 튼튼한 우산을 만들어야 할 것이다.
• 비가 오면 학교에 가지 않을 것이다.
• 비에 맞아 다치는 사람이 생길 것이다.
• 비가 오면 시끄러워 잠을 잘 수 없을 것이다.
• 사람들이 다니는 길에 모두 지붕을 씌우게 될 것이다.

해설

수증기가 모여 작은 물방울이 되면 비가 되어 내리기 때문에 실제로 큰 빗방울은 만들어질 수 없다.

07 수박씨는 몇 개?

예시답안

- 수박을 연구한 책을 찾아본다.
- 수박을 연구하는 박사님에게 물어본다.
- 수박을 모두 먹고 남은 수박씨의 개수를 센다.
- 여러 명이 함께 먹으며 각자 먹을 때 나온 수박씨의 개수를 세고, 다 먹은 후 개수를 더한다.
- 수박을 같은 크기로 잘게 여러 조각으로 자른 후 한 조각 안에 있는 수박씨의 개수를 센 후 자른 조각의 수만큼 곱해서 예상해 본다.

예시답안

가장 가운데 조각에서는 13개, 가장 끝 조각에서는 1개의 씨가 나왔으므로 2개의 조각에서 14개의 씨가 나왔다. 수박 10조각은 2개씩 5묶음이므로 10조각에는 $14 \times 5 = 70$ (개)의 씨가 있다고 할 수 있다. 수박 1통을 4등분 한 것에는 70개의 씨가 있으므로 수박 1통에는 $70 \times 4 = 280$ (개)의 씨가 있을 것이라고 예상할 수 있다.

해설

어떤 문제에 대해 기초적인 지식과 논리적 추론만으로 대략적인 근사치를 추정하는 방법을 페르미 추정법이라고 한다. 이 방법은 정확한 값을 구하는 것보다 가설을 세우고, 문제를 해결해 나가는 과정을 중요하게 생각한다. 주어진 문제의 조건을 이용하여 적절한 가설을 세우고, 자신이 세운 가설에 맞게 답을 구하는 것이 중요하다.

08 올림픽이 열리는 해는?

모범답안

- 제36회 하계올림픽이 열리는 연도: 2036년
- 구하는 방법: 올림픽은 4년마다 열리므로 4씩 뛰어 세기를 하면 다음과 같다.
  2016 - 2020 - 2024 - 2028 - 2032 - 2036
  따라서 2036년에 제36회 하계올림픽이 열린다.

예시답안

- 매일 30분 이상 책을 읽으려고 노력한다. 매일 책을 읽는 행동을 통해 꾸준함을 기를 수 있고, 책을 읽어 다양한 지식을 얻을 수 있다.
- 시간 약속을 잘 지키려고 노력한다. 아침에 일어나는 시간, 학교 가는 시간, 숙제하는 시간, 잠자는 시간 등을 지켜 규칙적인 생활을 할 수 있도록 노력하고, 부모님이나 친구들과의 약속 시간도 잘 지키려고 노력한다.
- 항상 예의 바르게 행동하려고 노력한다. 성공은 혼자만의 힘으로 이루어지는 것이 아니라고 생각하기 때문에 다른 사람에게 예의를 지키며 행동해야 한다.

정답 및 해설

09 햄버거의 가격은?

1

모범답안

치즈 버거 세트와 불고기 버거를 주문한다.
총 가격은 4800＋3200＝8000 (원)으로 가장 저렴하다.

해설

- 불고기 버거, 치즈 버거, 콜라, 감자튀김을 각각 주문하는 경우:

  3200＋3000＋1200＋1000＝8400 (원)

- 불고기 버거 세트와 치즈 버거를 주문하는 경우:

  5100＋3000＝8100 (원)

2 STEAM

예시답안

- 좋은 점
  - 맛있다.
  - 가지고 다니면서 먹을 수 있다.
  - 음식을 오래 기다리지 않아도 된다.
- 나쁜 점
  - 비싸다.
  - 건강에 좋지 않다.
- 나의 의견
  - 햄버거는 맛있고 빨리 편하게 먹을 수 있기 때문에 계속 먹을 것이다.
  - 햄버거는 건강에 좋지 않기 때문에 먹지 않을 것이다.

10 자릿수와 숫자 카드

1

모범답안

- 가장 작은 수: 25
- 가장 큰 수: 97

해설

가장 작은 수를 만들려면 숫자 카드 중 가장 작은 수를 십의 자리에, 두 번째로 작은 수를 일의 자리에 두어야 한다. 가장 큰 수를 만들려면 숫자 카드 중 가장 큰 수를 십의 자리에, 두 번째로 큰 수를 일의 자리에 두어야 한다.

2 STEAM

모범답안

- 게임에서 이기는 사람: 지환
- 이유: 지환이가 만들 수 있는 가장 작은 수는 469이고, 정환이가 만들 수 있는 가장 작은 수는 506이기 때문이다.

해설

세 자리 수를 만들어야 하므로 백의 자리에 0은 올 수 없다.

삼각김밥

 모범답안

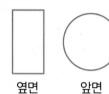

옆면   앞면   앞면

 예시답안

- 나, 한쪽이 수직이므로 벽에 붙여 진열하기 편할 것이다.
- 다, 균형 잡힌 모양으로 보통 삼각김밥의 모양으로 익숙하다.
- 라, 삼각김밥을 여러 줄로 진열할 수 있고 뾰족한 부분부터 먹으면 먹기 편할 것이다.

해설

어느 것을 고르든 답이 될 수 있지만, 근거가 타당해야 한다.

 나도 미술가

모범답안

7개

해설

- 작은 사각형 1개로 이루어진 사각형: 4개
- 작은 사각형 2개로 이루어진 사각형: 1개
- 작은 사각형 3개로 이루어진 사각형: 1개
- 작은 사각형 4개로 이루어진 사각형: 1개
→ 4+1+1+1=7 (개)

 예시답안

흰색 사각형 1개, 빨간색 사각형 1개, 노란색 사각형 1개, 파란색 사각형 1개가 필요하다.

해설

커다란 흰색 사각형, 오른쪽 위에 빨간색 사각형, 왼쪽 아래에 파란색 사각형, 오른쪽 아래에 노란색 사각형을 놓고 사각형 경계에 검은색 테이프를 붙인다.

정답 및 해설

 우리집 주소

1 모범답안

120 m
한천로1길부터 한천로13길까지는
1-3-5-7-9-11-13의 6개 구간이다.
각 구간은 20 m의 간격이므로 20×6=120 (m)
이다.

 2 예시답안

서울 금천구 가산디지털2로 14, 223호

해설

도로명주소를 통해 집의 대략적인 위치나 거리
를 어림잡아 헤아려 볼 수 있다.

 한강철교 가 봤니?

1 모범답안

해설

삼각형은 3개의 선분으로 둘러싸인 도형이고,
사각형은 4개의 선분으로 둘러싸인 도형이다.
사각형 중에서 마주 보는 한 쌍의 변이 평행한
사각형을 사다리꼴이라 하고, 마주 보는 두 쌍의
변이 평행한 사각형을 평행사변형이라고 한다.

 2 예시답안

• 삼각형: 삼각김밥, 트라이앵글, 탁상용 달력 등
• 사각형: 선물 상자, 모니터, 카드 등
• 사다리꼴: 63빌딩, 플라스틱 수납 바구니, 자물
  쇠, 붙여서 사용하는 탁자, 튐틀, 조명등 갓 등
• 평행사변형: 나사 빗면, 자바라 옷걸이, 가제
  트 로봇팔, 링키지 오토마타, 형광펜 등

해설

건물을 직사각형 모양으로 지으면 건물의 안정
성을 유지할 수 없기 때문에 위쪽으로 올라갈수
록 좁아지는 사다리꼴로 만든다.

15 통조림 모양

예시답안

- 뾰족한 부분에 의해 다치는 경우가 생길 것이다.
- 온도가 높아지면 평평한 부분이 부풀어 오를 것이다.
- 떨어뜨릴 경우 뾰족한 부분이 쉽게 찌그러지거나 파손될 것이다.

STEAM 2 **예시답안**

- 잡기 편하기 때문이다.
- 뚜껑을 만들기 쉽기 때문이다.
- 각진 부분이 있으면 각진 부분부터 녹이 빨리 슬기 때문이다.
- 원기둥의 둥근 모양이 튼튼하여 떨어뜨려도 쉽게 파손되지 않기 때문이다.
- 같은 양의 내용물을 담는 데 필요한 용기를 만들 때 재료가 적게 사용되기 때문이다.

해설

통조림 높이가 같으면 원기둥의 부피가 사각기둥이나 삼각기둥의 부피보다 더 크다. 따라서 원기둥 모양이 내용물을 많이 담을 수 있으면서 통조림 용기를 만들 때 재료가 적게 사용된다. 같은 양의 내용물을 담는 데 가장 적은 재료가 사용되는 모양은 구 모양이지만, 구 모양은 보관과 진열이 힘들기 때문에 사용하지 않는다.

16 건물 번호판

모범답안

(나)

해설

변의 개수가 5개인 도형은 오각형이다.

STEAM 2 **예시답안**

해설

자율형 건물 번호판은 색상과 크기가 통일된 표준형 건물 번호판 대신 건물의 모양과 색상에 어울리도록 자율적으로 제작하는 것이다. 건축물을 설계할 때부터 건물 번호판을 디자인하면 건물과 자연스럽게 어우러져 건물을 한층 돋보이게 할 수 있다. 건물 번호판에는 길의 이름이나 도시의 특색을 담아 개성 있게 디자인할 수 있으나 도로명과 건물 번호는 반드시 포함되어야 한다.

17 해시계

1 예시답안

- 장구 모양의 유리그릇을 만들어 모래가 아래로 떨어지는 양을 이용하여 시각을 측정한다.
- 태양, 달, 별과 같이 시간에 따라 일정하게 움직이는 천체의 이동 정도를 이용하여 시각을 측정한다.
- 바닥에 구멍이 뚫린 그릇에 물을 채우고 물이 규칙적으로 새어 나오는 것을 이용하여 시각을 측정한다.

해설

평평한 면에 막대기를 수직으로 세우고 막대기에 의해 생기는 그림자의 길이와 방향으로 시각을 알 수 있다. 태양은 24시간 동안 360°, 1회전하므로 1시간마다 시각이 15°씩 변한다.

 2 예시답안

- 크기가 크고 무거워서 가지고 다닐 수 없다.
- 해가 없는 밤이나 비가 오는 날에는 사용할 수 없다.

해설

해시계의 불편함을 해결하기 위해 물시계(자격루)를 발명하게 되었으며, 사람이 가지고 다닐 수 있는 작은 해시계도 만들어 졌다.

 18 시차

1 모범답안

11일 오전 8시

해설

10일 오후 6시로부터 14시간 빠른 시각은 현재 시각에서 14시간을 더해서 구할 수 있다.

(서울의 시각)=(토론토의 시각)+14시간
　　　　　　=오후 6시+14시간
　　　　　　=다음날 오전 8시

 2 모범답안

지구는 둥글고 자전하기 때문에 지역마다 해가 뜨고 지는 시각이 달라 시차가 생긴다.

해설

시차란 한 지역과 다른 지역 사이의 시간 차이이다. 지구는 둥글고 자전하기 때문에 지역마다 조금씩 다른 시간대에 살고 있다. 1800년대에 교통과 통신이 발달하면서 여러 지역 간의 일정을 조정하는 데 문제가 생기게 되었다. 특히 동-서로 넓은 미국에서 철도 시간표를 조정할 때 지역마다 시간이 달라 큰 문제가 되었다. 시차 때문에 불편함을 느낀 학자들이 1894년에 모여 회의를 열었고, 영국의 그리니치 천문대가 있는 곳을 본초자오선으로 하고, 본초자오선을 기준으로 서쪽으로 15°씩 멀어지면 한 시간을 빼고, 동쪽으로 15°씩 멀어지면 한 시간을 더하는 방식으로 다른 나라의 시간을 계산했다.

19 요일

1

모범답안

• 요일: 화요일

• 이유: 19일이 목요일이므로 7씩 작아지게 뛰어 세면(19일−12일−5일) 5일은 목요일이다. 3일은 5일보다 2일 먼저 있으므로 화요일이다.

해설

다음과 같이 19일부터 거꾸로 수를 써서 달력을 완성한 후 3일이 무슨 요일인지 구할 수도 있다.

일	월	화	수	목	금	토
1	2	3	4	5	6	7
8	9	10	11	12	13	14
15	16	17	18	19		

STEAM 2

모범답안

• 요일: 화요일

• 이유: 6월 10일이 금요일이므로 7씩 커지게 뛰어 세면 10일−17일−24일이므로 30일은 목요일이다. 7월 1일이 금요일이므로 8일도 금요일이고, 4일 후인 7월 12일은 화요일이다.

해설

나눗셈으로도 요일을 구할 수 있다. 7월 12일은 6월 10일부터 32일 후이다. 32÷7=4…4이므로 7월 12일은 금요일로부터 4일이 지난 화요일이다.

 20 시계가 없다면?

1

모범답안

• 더 늦게 일어난 사람: 형준이

• 이유: 형준이는 7시 30분에 일어났고, 지우는 7시에 일어났으므로 형준이가 더 늦게 일어났다.

해설

7시 30분−7시=30분, 형준이가 지우보다 30분 더 늦게 일어났다.

STEAM 2

예시답안

• 좋은 점
  − 학교에 늦게 가더라도 혼나지 않을 것이다.
  − 정해진 시간에 얽매이지 않고 시간에 자유로울 것이다. 밥은 배고플 때 먹게 되고, 잠은 졸릴 때 잘 것이다. 해가 뜨면 학교에 가고, 해가 가장 높이 떠 있을 때 수업이 마칠 것이다.

• 나쁜 점
  − 약속 시각을 정하기 어려울 것이다.
  − 시간이 얼마나 지났는지 알기 어려울 것이다.
  − 각자의 시간 기준으로 움직이므로 단체 생활을 하기 힘들 것이다.
  − 수업 시작 시각과 끝나는 시각을 알지 못하기 때문에 수업 집중도가 낮아질 것이다.
  − 할 일이 많은 사람은 시간의 흐름을 알지 못하기 때문에 마음이 조급해지고 서두르게 될 것이다.

정답 및 해설

 21 한국의 나이

 1 **모범답안**

2000년

해설

2035년 8월 5일에 35세가 되므로 2034년 8월 5일부터 2035년 8월 4일까지는 34살이고, 2033년 8월 5일부터 2034년 8월 4일까지는 33살이다. 이와 같은 방법으로 계산하면 이수달 씨가 태어난 연도는 2000년이다.

STEAM 2 **모범답안**

- 가온이의 나이: 8살
- 방법: 3000일에서 1년인 365일을 빼면
  $3000-365-365-365-365-365-365-365-365=80$
  으로 8번 뺄 수 있다. 생일을 1번 지날 때마다 나이가 1살씩 늘어나고 8번의 생일이 지났으므로 8살이다.

해설

$3000÷365=8⋯80$의 나눗셈으로도 설명할 수 있다. 나눗셈을 익히지 않은 학생들은 뺄셈을 이용하여 답을 구하도록 한다.

 22 타임캡슐

1 **모범답안**

5년 후

1년은 12개월이므로, 60개월에서 1년인 12개월을 빼면 $60-12-12-12-12-12=0$으로 5번 뺄 수 있다. 따라서 타임캡슐을 열어 보는 날은 지금으로부터 5년 후이다.

해설

같은 값을 여러 번 빼는 것으로 문제를 해결한다.

STEAM 2 **예시답안**

미래의 ○○에게

안녕? ○○아. 너는 학생들을 가르치는 멋진 선생님이 되어 있겠지? 지금의 나는 미래의 멋진 선생님이 되려고 열심히 공부하고, 책도 많이 읽으며 노력하고 있어. 항상 멋지고 학생들의 존경을 받는 선생님이 되어 주기 바라. 이 편지를 읽을 때 너는 어떤 기분일지 매우 궁금해.

23 조상들의 길이 단위

1 **모범답안**

225 cm

해설

75치 = 75 × 3 = 225 (cm)

2 **예시답안**

- 편리한 점
  - 단위가 하나뿐이기 때문에 단위를 표시하지 않아도 될 것이다.
  - 단위가 하나뿐이기 때문에 길이를 다른 단위로 바꾸거나 다른 단위를 익힐 필요가 없을 것이다.
- 불편한 점
  - m보다 아주 긴 길이나 m보다 아주 짧은 길이를 재거나 표현하기 어려울 것이다.

해설

현재 우리가 사용하고 있는 길이 단위인 미터법은 국제 표준 길이 단위로, mm, cm, m, km를 사용한다. 짧은 길이를 나타낼 때는 주로 mm나 cm를 사용하고, 긴 길이를 나타낼 때는 m나 km를 사용한다.

24 미터법

1 **예시답안**

다른 단위로 바꿀 필요가 없어 나라 간의 거래가 편하다.

해설

지금과 같이 모든 나라가 같은 단위를 사용하게 된 이유는 각 나라나 지역마다 사용하는 단위가 달라 발생하는 시간과 비용의 낭비를 줄이기 위해서이다. 1999년 4월, 중국 상하이에서 이륙한 국내 항공 화물기가 수 분만에 추락해 조종사 3명과 인근 주민 5명이 사망하고 주민 40명이 중경상을 입는 사고가 발생했다. 상하이 공항 관제탑에서는 고도 1500 m를 유지하라고 통신을 보냈는데 조종사가 1500 m를 1500 ft(피트)로 착각하여 3000 ft(900 m)를 유지하고 있었기 때문에 낮은 고도로 운행하다 기체 불안정으로 추락한 것으로 추정된다.

2 **예시답안**

- 나라마다 1 m의 기준이 되는 길이를 알아야 한다.
- 같은 길이 단위를 써서 길이를 표현하더라도 그 값이 얼마인지 알 수 없다.
- 길이를 정확히 알기 위해서는 내가 사용하는 1 m의 기준이 되는 길이로 다시 계산해야 한다.

해설

나라마다 1 m의 길이가 다르면 다른 나라를 여행하거나 다른 나라와 무역을 하기 위해서 나라마다 다른 단위를 익혀야 할 것이다.

정답 및 해설

25 달력

1 모범답안

일	월	화	수	목	금	토
						1
2	3	4	5	6	7	8
9	10	11	12	13	14	15
16	17	18	19	20	21	22
23	24	25	26	27	28	29

해설

달력은 오른쪽으로 갈수록 1씩 커지고, 아래쪽으로 갈수록 7씩 커지는 규칙이 있다.

STEAM 2 모범답안

13번

윤년은 4년에 1번씩 나타나므로 2020년부터 4칸씩 뛰어 세기를 하면 윤년인 해는 13번이다.

2000 − 2004 − 2008 − 2012 − 2016 − 2020 − 2024 − 2028 − 2032 − 2036 − 2040 − 2044 − 2048

해설

1년은 지구가 태양을 한 바퀴 도는 데(공전) 걸리는 시간이다. 지구가 태양을 한 바퀴 도는 데 걸리는 시간은 365.2422일이다. 따라서 1년을 365일로 사용하고, 4년에 한 번씩 1년을 366일로 하여 차이가 생기지 않도록 한다. 1년이 366일인 해는 2월이 29일까지 있다. 1년 365일인 해를 평년이라고 하고, 366일인 해를 윤년이라고 한다.

26 다음에 올 수는?

1 모범답안

• □ 안에 알맞은 수: 27
• 이유: 커지는 수가 3, 4, 5, 6, …의 순서로 1씩 커지는 규칙이다.

해설

5−2=3, 9−5=4, 14−9=5, 20−14=6, □−20=7이므로 □=27이다.

또한, 맨 앞의 수 2에 3을 더하고, 더한 값에 4, 5, 6, …을 순서대로 더하는 규칙을 찾을 수도 있다.

2+3=5, 5+4=9, 9+5=14, 14+6=20, 20+7=□, □=27이다.

STEAM 2 예시답안

• 수 나열: 1, 1, 2, 3, 5, 8, 13, …
  규칙: 앞의 두 수의 합이 다음 수가 되는 규칙이다.
• 수 나열: 1, 2, 3, 1, 2, 3, …
  규칙: 1, 2, 3이 반복되는 규칙이다.
• 수 나열: 2, 2, 2, 2, 2, 2, …
  규칙: 2가 반복되는 규칙이다.
• 수 나열: 1, 2, 3, 6, 11, 20, 37, …
  규칙: 1, 2, 3을 순서대로 쓰고 앞의 세 수의 합이 다음 수가 되는 규칙이다.

27 금고의 비밀번호

1 모범답안

금고에 그려진 숫자는 이동할 칸의 수, 화살표는 이동할 방향을 의미한다.

2 모범답안

왼쪽 아래 2 →, 오른쪽 아래 1 ←, 2↑, 1↓, 가운데 1 ←, 왼쪽 가운데 2 →, 1↑, 2 ←, OPEN

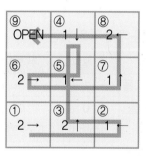

28 우리의 자랑, 한글

1 모범답안

ㄱ, ㄴ, ㄷ, ㄹ, ㅁ, ㅂ, ㅅ, ㅇ, ㅈ, ㅊ, ㅋ, ㅌ, ㅍ, ㅎ

14개

해설

ㄲ, ㄸ, ㅃ, ㅆ, ㅉ과 같은 쌍자음은 같은 자음을 두 번 사용한 것으로 답안에 포함하지 않는다.

2 모범답안

- □ 안에 들어갈 글자: ㅛ
- 이유: 자음은 1개씩 건너뛰어 사용하고, 모음은 순서대로 사용하는 규칙이 있다.

해설

- 한글 자음 순서: ㄱ, ㄴ, ㄷ, ㄹ, ㅁ, ㅂ, ㅅ, ㅇ, ㅈ, ㅊ, ㅋ, ㅌ, ㅍ, ㅎ
- 한글 모음 순서: ㅏ, ㅑ, ㅓ, ㅕ, ㅗ, ㅛ, ㅜ, ㅠ, ㅡ, ㅣ

29 땡그랑 한 푼

1 모범답안

3310원

해설

오늘부터 4일 간격으로 10원, 50원, 100원, 500원씩 저축하므로 4일이 지나면

$10+50+100+500=660$ (원)이 된다.

오늘부터 20일 후는 4일이 5번 반복되고 하루가 더 있으므로 저축한 돈은

$660+660+660+660+10=3310$ (원)이 된다.

오늘부터 20일 후까지 저축한 돈을 나열하여 표로 나타내면 다음과 같다.

날짜	오늘	1일 후	2일 후	3일 후
금액(원)	10	50	100	500
날짜	4일 후	5일 후	6일 후	7일 후
금액(원)	10	50	100	500
날짜	8일 후	9일 후	10일 후	11일 후
금액(원)	10	50	100	500
날짜	12일 후	13일 후	14일 후	15일 후
금액(원)	10	50	100	500
날짜	16일 후	17일 후	18일 후	19일 후
금액(원)	10	50	100	500
날짜	20일 후	합계		
금액(원)	10	3310		

 STEAM 2 예시답안

• 심부름을 해서 용돈을 받아 모은다.

• 매달 받는 용돈에서 일정 금액을 모은다.

• 재활용이 가능한 빈 병을 모아 돈으로 바꾼다.

• 버려진 물건을 이용해 예술 작품을 만들어 판다.

 30 알파고

1 모범답안

• 다음에 올 바둑돌의 모양: ●○●○●

• 이유: 검은 바둑돌과 흰 바둑돌이 반복되는 규칙으로 나열되어 있기 때문이다.

 STEAM 2 모범답안

검은 바둑돌: 9개, 흰 바둑돌 12개

해설

표를 이용해 규칙을 찾는다.

구분	첫 번째	두 번째	세 번째
검은 바둑돌	1	1	4
흰 바둑돌	0	2	2
구분	네 번째	다섯 번째	여섯 번째
검은 바둑돌	4	9	9
흰 바둑돌	6	6	12

31 암호를 풀어라!

1

모범답안

ㄱ	ㄴ	ㄷ	ㄹ	ㅁ
0	1	2	3	4
ㅏ	ㅑ	ㅓ	ㅕ	ㅗ
5	6	7	8	9

해설

ㄱ-0, ㄴ-1, ㅁ-4이므로 ㄱ, ㄴ, ㄷ, ㄹ, ㅁ 의 자음 순서에서 0부터 1씩 커지는 규칙이 있다.
ㅏ-5, ㅗ-9이고, 표의 5 다음 숫자는 6이므로 ㅏ, ㅑ, ㅓ, ㅕ, ㅗ의 모음 순서에서 5부터 1씩 커지는 규칙이 있다.

2

모범답안

라면먹고가

해설

각 숫자에 대응하는 자음과 모음을 맞추면 암호를 해독할 수 있다.

암호	35	481	470	09	05
해독	라	면	먹	고	가

32 규칙이 있는 계산

1

예시답안

두 수의 곱과 두 수의 합을 더하는 것이다.

해설

- 2▼3: $2×3=6$, $2+3=5$ → $6+5=11$
- 4▼1: $4×1=4$, $4+1=5$ → $4+5=9$
- 5▼3: $5×3=15$, $5+3=8$ → $15+8=23$
- 7▼3: $7×3=21$, $7+3=10$ → $21+10=31$
- 2▼2: $2×2=4$, $2+2=4$ → $4+4=8$
- 9▼7: $9×7=63$, $9+7=16$ → $63+16=79$

위 예시 답안 외에 ▼ 뒤의 수에 1을 더한 값을 ▼ 앞의 수와 곱한 후 ▼ 뒤의 수를 더하는 방법이 있고, ▼ 앞의 수와 ▼ 뒤의 수에 각각 1을 더한 값을 곱한 후 1을 빼는 방법도 있다.

2

모범답안

$6▼7=55$

해설

6▼7: $6×7=42$, $6+7=13$ → $42+13=55$

정답 및 해설

33 동물 분류

1 예시답안

- 개구리
  - 알을 낳는다.
  - 몸이 매끈하고 항상 젖어 있다.
  - 알에서 올챙이를 거쳐 개구리가 된다.
  - 발가락에 물갈퀴가 있어 헤엄을 잘 친다.
  - 올챙이는 아가미로 호흡하지만, 개구리가 되면 폐로 호흡한다.
- 펭귄
  - 알을 낳는다.
  - 깃털로 덮여 있다.
  - 잠수하여 물에서 먹이를 얻는다.
  - 날개가 있지만 평소에 거의 쓰지 않는다.

 STEAM 2

예시답안

알을 낳는 동물	새끼를 낳는 동물
개구리, 펭귄, 고등어	치타

해설

- 개구리−양서류: 몸이 축축하고 알을 낳아 번식한다. 어릴 때는 아가미로 호흡하고 커서는 폐와 피부로 호흡한다.
- 펭귄−조류: 깃털로 덮여 있고 알을 낳아 번식한다. 폐로 호흡하고 날개가 있지만 날지 못한다.
- 고등어−어류: 물에 살고 알을 낳아 번식한다. 아가미로 호흡한다.
- 치타−포유류: 털로 덮여 있고 새끼를 낳아 젖을 먹여 기른다. 폐로 호흡한다.

34 식물 분류

1 예시답안

- 공통점
  - 꽃이 핀다.
  - 꽃잎이 여러 장이다.
  - 씨앗으로 번식한다.
- 차이점
  - 튤립은 풀이고, 벚나무는 나무이다.
  - 튤립은 키가 작고, 벚나무는 키가 크다.
  - 튤립의 줄기는 1년 정도 굵어진 후에 더 이상 굵어지지 않고, 벚나무의 줄기는 계속 굵어진다.
  - 튤립은 겨울에 뿌리로 지내다가 다음 해에 다시 싹이 터서 자라지만, 벚나무는 잎만 떨어뜨리고 겨울을 지낸다.
  - 튤립은 빨간색, 노란색 등 여러 가지 진한 색의 꽃이 피고, 벚나무는 흰색 또는 분홍색 등 연한 색의 꽃이 핀다.

해설

튤립은 풀 중에서 여러해살이풀이고, 벚나무는 나무이다.

 STEAM 2

예시답안

풀인 것	나무인 것
튤립, 딸기	벚나무, 진달래

35 벤다이어그램

1 예시답안

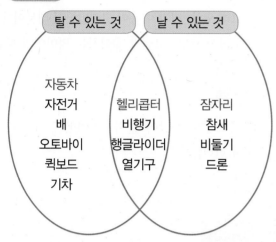

탈 수 있는 것 | 날 수 있는 것

자동차
자전거
배
오토바이
퀵보드
기차

헬리콥터
비행기
행글라이더
열기구

잠자리
참새
비둘기
드론

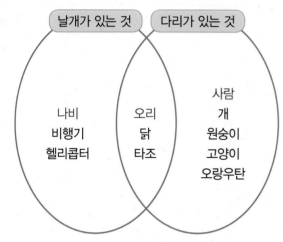

날개가 있는 것 | 다리가 있는 것

나비
비행기
헬리콥터

오리
닭
타조

사람
개
원숭이
고양이
오랑우탄

36 주사위의 신

1 모범답안

36가지

주사위 1개를 던지면 1부터 6까지의 눈이 나올 수 있으므로 나올 수 있는 모든 경우의 수는 6가지이다. 주사위 2개를 동시에 던지면 다음과 같은 36가지의 경우가 나온다.

(1, 1), (1, 2), (1, 3), (1, 4), (1, 5), (1, 6),
(2, 1), (2, 2), (2, 3), (2, 4), (2, 5), (2, 6),
(3, 1), (3, 2), (3, 3), (3, 4), (3, 5), (3, 6),
(4, 1), (4, 2), (4, 3), (4, 4), (4, 5), (4, 6),
(5, 1), (5, 2), (5, 3), (5, 4), (5, 5), (5, 6),
(6, 1), (6, 2), (6, 3), (6, 4), (6, 5), (6, 6)

STEAM 2 모범답안

• 주사위의 모양으로 적절한 것: (나)
• 이유: 각 면의 크기가 같은 (나)가 주사위의 모양으로 적절하다. 주사위를 던졌을 때 여섯 면의 나오는 정도가 같아야 하기 때문이다.

정답 및 해설

37 우등생은 누구?

1 **모범답안**

85점

해설

(유준이의 1, 2회 시험 점수의 합)
=95+90=185 (점)
(태영이의 1, 2회 시험 점수의 합)
=(1회 점수)+100=185 (점)
∴ (태영이의 1회 시험 점수)=185−100
=85 (점)

2 **예시답안**

• 유준, 유준이의 시험 점수가 고르기 때문에 유준이의 시험 성적이 더 좋다고 할 수 있다.
• 태영, 태영이가 유준이보다 2과목의 점수가 더 높기 때문에 태영이의 시험 성적이 더 좋다고 할 수 있다.

해설

두 사람의 시험 점수의 합은 같으므로 시험 점수의 합으로 성적이 좋은 학생을 구분할 수 없다. 시험 성적이 좋은 학생을 결정할 수 있는 다른 기준을 찾는다. 어느 주장이든 답이 될 수 있지만, 근거가 타당해야 한다.

38 고래가 좋아하는 밥

1 **예시답안**

• 고래 모양: 과자 이름이 고래밥이기 때문이다.
• 오징어 모양: 고래가 좋아하는 먹이이기 때문이다.

해설

어느 모양이든 답이 될 수 있지만, 근거가 타당해야 한다.

2 **예시답안**

개수(개) / 모양	오징어	불가사리	고래	게
11				
10			○	
9			○	
8			○	
7	○		○	
6	○		○	○
5	○		○	○
4	○	○	○	○
3	○	○	○	○
2	○	○	○	○
1	○	○	○	○

해설

그래프로 나타낼 때 기호는 한 칸에 한 개씩 표시하고, 세로로 나타낸 그래프는 아래에서 위로 빈칸 없이 채워서 표시한다.

39 일기예보

1 모범답안

14시 30분(또는 오후 2시 30분 또는 14 : 30)

해설

그래프에서 가장 높은 위치에 점이 찍힌 곳이 기온이 가장 높을 때이므로 그때의 시간을 확인한다.

2 예시답안

14시 30분에서 1시간 지난 15시 30분에 온도가 약 1 ℃가 낮아졌다. 이를 바탕으로 1시간에 약 1 ℃씩 기온이 낮아진다고 예상하면 3시간 이후인 17시 30분에는 29 ℃보다 약 3 ℃가 낮은 26 ℃일 것이다.

해설

해가 뜨면 기온이 서서히 올라가고 오후 2시에 가장 높다. 이후 기온이 서서히 내려가고 해가 뜨기 직전에 가장 낮다. 기온은 하루 동안 끊임없이 변하기 때문에 날씨를 알릴 때는 하루 중 가장 낮은 기온과 가장 높은 기온을 함께 나타낸다.

40 인구 증가

1 예시답안

• 약 5500만 명, 2000년 이후부터 인구 수가 조금씩 증가하므로 2050년에는 약 5500만 명 정도 될 것이다.

• 약 5000만 명, 최근 태어나는 아이들이 줄어들고 있으므로 2050년에는 노인들이 사망하면 인구가 5000만 명보다 적어질 것이다.

해설

어떤 주장이든 답이 될 수 있지만, 근거가 타당해야 한다.

2 예시답안

• 결혼을 하는 나이가 많아져 아이를 늦게 낳기 때문이다.

• 아이를 키우기 어렵기 때문에 아이를 많이 낳지 않기 때문이다.

• 고령화 현상으로 아이를 낳을 수 있는 사람의 비율이 줄어들기 때문이다.

해설

현재 우리나라는 인구 문제와 관련하여 저출산과 고령화가 심화되고 있다. 저출산이란 아이를 많이 낳지 않는다는 뜻으로, 여성의 사회 참여 증가, 결혼 연령 상승, 육아와 가사 노동에 대한 부담, 사교육비 증가, 결혼과 가족에 대한 가치관의 변화 등이 원인으로 꼽힌다. 고령화란 나이가 많은 고령자의 수가 증가하여 인구에서 차지하는 고령자의 비율이 높아지는 것이다. 생활 수준의 향상과 의학 기술의 발달로 평균 수명이 늘어나면서 인구 고령화 현상이 나타나고 있다.

정답 및 해설

41 큐브 퍼즐

1 모범답안

27개

해설

한 줄에 9개씩, 모두 3줄로 이루어져 있으므로 27개의 작은 정육면체가 필요하다.

$9 \times 3 = 27$ (개)이다.

2 모범답안

54개

해설

한 면에 9개씩, 모두 6면에 스티커를 붙이려면 54개의 스티커가 필요하다.

$9 \times 6 = 54$ (개)이다.

가장 일반적인 $3 \times 3 \times 3$ 큐빅은 모두 27개의 독립된 정육면체와 54개의 작은 면으로 구성되어 있다. 27개의 독립된 정육면체는 각각의 색을 구성하고 있는데, 앞면과 뒷면, 오른쪽 면과 왼쪽 면, 윗면과 밑면은 서로 반대되는 색이다.

42 데칼코마니

1 예시답안

0, 1, 8

해설

가운데 선을 그어 그 선을 중심으로 접었을 때 완벽히 겹쳐지는 숫자를 찾는다.

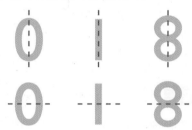

2 예시답안

수 민 김	김 민 수	수 민 김	김 민 수

해설

가운데 선을 그어 그 선을 중심으로 접었을 때 완벽히 겹쳐지도록 그린다.

43 10원의 가치

1 모범답안

6개

해설

(매일 10원씩 64일간 저금한 돈)
=10×64=640 (원)
640원은 100원 6개와 10원 4개와 같다.
따라서 태영이가 저금한 돈을 100원짜리로 바꾸면 100원짜리 6개까지 바꿀 수 있다.

2 예시답안

• 동전으로 미술 작품을 만들어 부모님께 선물한다.
• 동전으로 동전 마술을 연습해 부모님 앞에서 공연한다.

해설

10원짜리 동전을 화폐가 아닌 다른 용도로 활용할 아이디어를 생각해 본다.

44 마야 숫자

1 모범답안

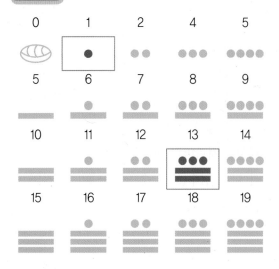

해설

조개 모양의 기호 는 0을, 점 하나는 1을, 가로 막대 하나는 5를 나타낸다.

2 예시답안

• 큰 수를 표현하고 읽기 어렵기 때문이다.
• 숫자를 적는 데 시간이 오래 걸리기 때문이다.
• 수를 나타내는 데 많은 점과 막대가 필요하기 때문이다.
• 덧셈, 뺄셈, 곱셈, 나눗셈을 바로 하기 어렵기 때문이다.

해설

우리가 현재 사용하는 인도-아라비아 숫자는 선이 적고 점이 없는 단순한 숫자 10개를 이용하여 모든 수를 나타낼 수 있어 편리하다.

45 영화 평점

1

모범답안

영화를 본 사람들이 영화에 점수를 매긴 것이다.

해설

영화 평점은 자신이 영화를 본 후 영화 정보에서 영화에 대한 점수를 매기는 것으로, 영화가 얼마나 재미있었는지를 평가하는 것이다. 영화 평점은 사람마다 영화를 보는 기준과 느낌이 달라 다른 점수를 줄 수 있으므로 주관적인 평가이다.

STEAM 2

예시답안

• 점수를 매겨 영화를 평가하기 위해서이다.
• 영화를 보지 않은 사람들에게 영화에 대한 정보를 주기 위해서이다.

46 무지개 아파트

1

예시답안

• 아파트의 이름을 대신하는 수이다.
• 6단지의 8동을 의미하는 숫자이다.

해설

수에는 크기나 개수를 나타내는 양의 수(기수)와 사물의 순서를 나타내는 순서수(서수), 이름을 나타내는 이름수(명목수)가 있다. 아파트의 동을 의미하는 수는 이름과 같은 의미로 사용된 이름수(명목수)이다.

STEAM 2

예시답안

• 전화번호
• 우편번호
• 건물의 주소
• 팀의 등번호
• 주민등록번호
• 자동차 번호판
• 버스 노선 번호
• 오디션 참가자 번호
• 학교에서 사용하는 번호

47 칠교놀이

1 예시답안

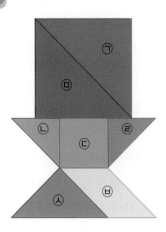

STEAM 2 모범답안

해설

같은 크기의 삼각형 2개를 이어 붙이면 직각삼각형을 만들 수 있다.

48 한국의 도자기

1 모범답안

㉠ – ㉡ – ㉢

해설

도자기의 입구는 도자기의 내용물을 넣거나 꺼낼 수 있는 부분이다.

STEAM 2 예시답안

가장 오른쪽 병은 입구가 좁고 길이가 긴 모양이고, 가장 왼쪽 잔은 입구가 넓고 높이가 낮은 모양이다. 따라서 오른쪽 병에 가득 차 있는 물을 왼쪽 잔에 따르면 약 2잔 정도 나올 것이다.

해설

도자기에 정확히 얼마만큼의 물이 들어갈지는 알 수 없으므로 사진을 보고 도자기의 크기를 가늠하여 예상한다.

정답 및 해설

 49 30의 의미

1 모범답안

① 도로의 제한 속도는 시속 30 km이다.
② 30번째 생일이다.
③ 몸무게는 30 kg이다.
④ 30층이다.

해설

수에는 크기나 개수를 나타내는 양의 수(기수)와 순서를 나타내는 순서수(서수), 이름을 나타내는 이름수(명목수)가 있다. ①과 ③은 양이나 개수를 나타내는 양의 수(기수)이고, ②와 ④는 순서를 나타내는 순서수(서수)이다. 양의 수(기수)와 순서수(서수)에 단위가 붙으면 의미가 분명해진다.

 2 예시답안

양이나 크기를 나타내는 수	순서를 나타내는 수
①, ③	②, ④

 50 바퀴 모양은?

1 모범답안

원은 각이 없고 바퀴 중심과 땅 사이의 거리가 항상 같아 잘 굴러가기 때문이다.

해설

바퀴가 평평한 도로 위를 달릴 때 바퀴의 중심과 땅 사이의 거리가 항상 같게 유지되어야 덜컹거리지 않고 안전하게 달릴 수 있다. 따라서 대부분 바퀴는 원 모양으로 만든다. 원은 곧은 선이 없고, 어느 쪽에서 보아도 똑같이 동그란 모양이다. 또한, 원의 중심을 지나도록 원 위의 두 점을 이은 선분의 길이, 즉 지름이 항상 같다.

 2 모범답안

사각형 모양의 바퀴가 굴러갈 수 있도록 길을 울퉁불퉁하게 만든다.

해설

사각형 모양의 바퀴는 평평한 길은 잘 굴러가지 못한다. 사각형 모양의 바퀴가 평평한 길을 굴러가면 높이가 올라갔다 내려갔다 하므로 덜컹거리며 앞으로 가게 된다. 사각형 모양의 바퀴가 덜컹거리지 않고 잘 굴러가게 하려면 바닥을 사각형 모양의 바퀴에 맞춰 울퉁불퉁하게 만들어야 한다.

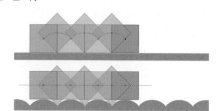

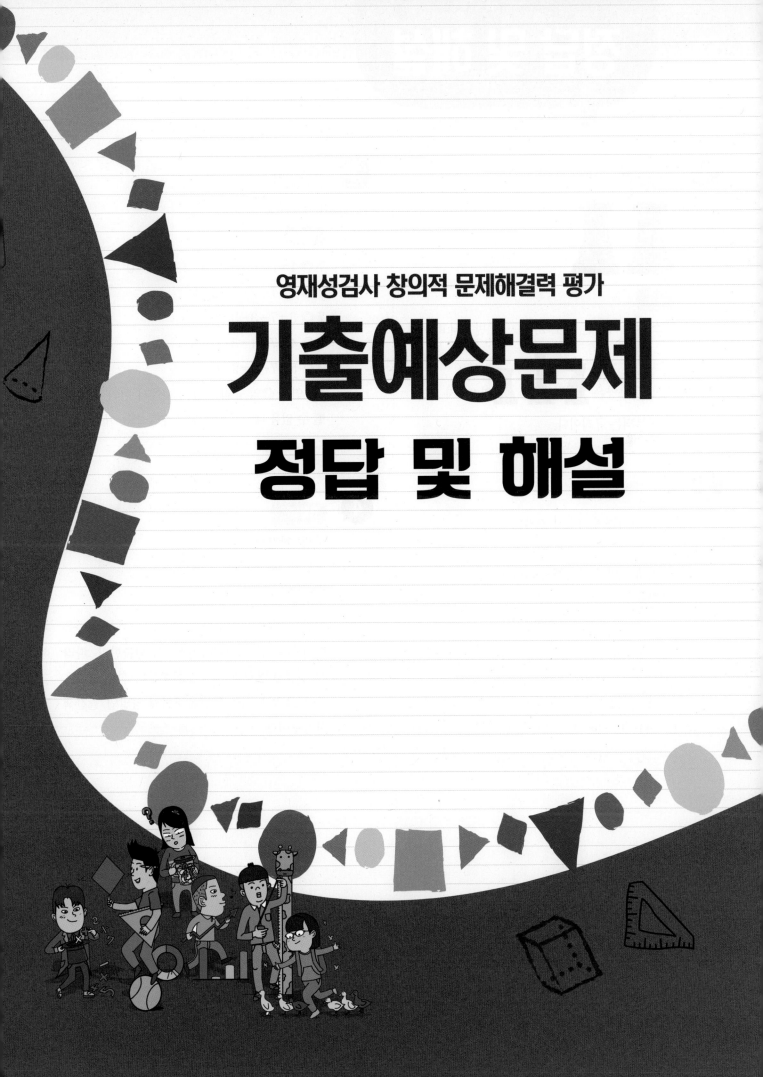

영재성검사 창의적 문제해결력 평가

기출예상문제
정답 및 해설

정답 및 해설

1

모범답안

해설

체스 말의 개수는 2, 1, 2, 1, …이 반복되고, 체

스 말의 모양은 [그림], [그림], [그림] 의 3가지 모양

이 반복되는 규칙이다.

2

모범답안

규칙: 커지는 수가 2씩 커지는 규칙

△ 안에 들어갈 알맞은 수: 14

□ 안에 들어갈 알맞은 수: 58

해설

2, 4, 8, △, 22, 32, 44, □, …
　2　4　6　8　10　12　14

이므로

△=8+6=14

□=44+14=58

3

모범답안

1

해설

7 ◎ 1=7−1−1−1−1−1−1−1=0

7 ◎ 2=7−2−2−2=1

7 ◎ 3=7−3−3=1

7 ◎ 4=7−4=3

7 ◎ 5=7−5=2

즉, 연산 ◎의 규칙은 앞의 수에서 뒤의 수를 더

뺄 수 없을 때까지 빼고 남은 수를 쓰는 규칙이다.

∴ 9 ◎ 4=9−4−4=1

4

모범답안

• 색: 빨간색

• 모양: 사각형

해설

이번 주 수요일부터 다음 주 토요일까지 외출을

하지 않는 날을 제외하면 8일을 외출한다. 따라

서 배열된 양말의 가장 오른쪽부터 신으면 다음

주 토요일에 신을 양말은 8번째 양말인 빨간색

사각형이다.

5 모범답안

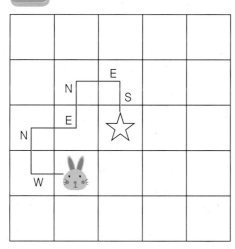

해설

6 예시답안

털이 있는 것	털이 없는 것
라	가, 나, 다

다리가 있는 것	다리가 없는 것
나, 다, 라	가

7 예시답안

- 두 도형의 가로와 세로의 길이를 측정하여 넓이를 구해 두 도형의 크기를 비교한다.
- 일정한 크기를 가진 작은 도형으로 두 도형을 가득 채운 후, 작은 도형의 개수를 비교해 두 도형의 크기를 비교한다.
- 일정한 크기로 나누어진 모눈종이 위에 두 도형을 그린 후, 차지하는 칸의 개수를 비교해 도형의 크기를 비교한다.
- 두께가 일정한 종이 위에 문제에 제시된 도형을 그려 오려낸 다음, 어떤 것의 무게가 더 많이 나가는지 비교한다.

해설

직관력을 이용하여 두 도형의 넓이를 비교할 수 있는 방법을 찾아보도록 합니다. 도형의 둘레의 길이는 도형의 넓이와 관계가 없습니다.

정답 및 해설

8 예시답안

- 지문 인식 금고: 등록된 지문과 일치하면 금고가 열린다.
- 지문 인식 총: 등록된 지문과 일치하면 방아쇠가 당겨져 총알이 발사된다.
- 지문 인식 출퇴근 기록기: 지문 인식으로 직원들의 출퇴근 시간을 기록한다.
- 지문 인식 출석 체크: 학생들의 출결 및 시간을 지문으로 확인하고 기록한다.
- 스마트폰 뱅킹: 스마트폰 뱅킹으로 돈을 이체할 때 지문 인식으로 본인 확인을 한다.
- 공항 자동출입국 심사: 외국에서 국내로 입국할 때 지문과 안면을 인식하여 본인 확인을 한다.
- 지문 인식 자동차: 등록된 지문과 일치하면 자동차 문이 열리고 시동이 걸린다. 자동차 키를 들고 다닐 필요가 없다.
- 지문 인식기를 활용한 미아 찾기: 아이들의 지문을 등록하고 아이를 잃어버릴 경우에 지문을 이용하여 보호자를 찾는다.

9 예시답안

- 수레를 가볍게 만든다.
- 탄성이 강한 고무줄을 사용한다.
- 길이가 긴 고무줄을 사용하여 많이 감는다.

해설

고무 동력 수레는 고무줄이 감겼다가 풀리는 힘으로 움직인다. 이때 수레를 가볍게 만들면 같은 힘으로도 수레를 빠르게 멀리까지 움직이게 할 수 있다. 또한, 탄성이 강한 고무줄을 사용하거나 길이가 긴 고무줄을 사용해서 많이 감으면 감겼다가 풀리는 탄성력이 커지므로 수레가 멀리까지 움직인다.

10

전지끼우개, 키보드, 볼펜, 샤프, 침대 매트리스, 용수철저울

용수철은 탄성이 있으므로 힘을 주어 모양을 변형시켜도 힘을 없애면 원래 모양으로 다시 되돌아온다. 만약 용수철이 사라진다면 한 번 사용했던 물체는 다시 원래 모양으로 되돌린 후 사용해야 하는 불편함이 생길 것이다.

- 전지끼우개: 용수철을 누르면서 전지끼우개에 전지를 넣은 후 손을 놓으면 용수철이 늘어나면서 전지를 고정한다.
- 키보드: 자판을 눌렀다 놓으면 눌러진 용수철이 다시 원래 상태로 돌아오면서 자판을 위로 올려주므로 반복적으로 자판을 누를 수 있다.
- 볼펜: 볼펜을 누르면 용수철이 눌리면서 볼펜 심이 밖으로 나오고 다시 누르면 용수철이 원래 모양으로 되돌아가면서 볼펜 심이 안으로 들어간다.
- 샤프: 끝부분을 누르면 용수철이 눌리면서 샤프심을 앞으로 밀어주고 눌렀던 손을 놓으면 용수철이 원래 모양으로 되돌아오므로 계속 누를 수 있다.
- 침대 매트리스: 침대 매트리스에 많은 용수철이 있어서 매트리스 위에 누우면 몸의 모양에 맞게 용수철이 줄어들고 일어나면 다시 원래 모양으로 되돌아온다.
- 용수철저울: 물체를 매달면 물체의 무게만큼 용수철이 늘어나고, 늘어난 길이로 물체의 무게를 측정한다. 물체를 내려놓으면 늘어났던 용수철이 다시 원래 모양으로 되돌아오므로 눈금이 '0'을 가리킨다.

11

- 여러 유리병에 물의 양을 다르게 채우고 입으로 분다.
- 여러 유리병에 물의 양을 다르게 채우고 막대로 두드린다.

- 유리병에 물을 채우고 불면 병 안의 공기가 진동하여 소리가 나고, 물이 담긴 양에 따라 공기가 진동할 수 있는 길이가 달라지므로 다양한 음의 소리를 낼 수 있다. 물이 많이 담긴 유리병을 불면 팬파이프의 짧은 관처럼 공기의 떨리는 횟수가 많아 높은 소리가 나고, 물이 적게 담긴 유리병을 불면 팬파이프의 긴 관처럼 공기의 떨리는 횟수가 적어 낮은 소리가 난다.
- 유리병에 물을 채우고 막대로 두드리면 유리병과 물이 진동하여 소리가 난다. 물이 많이 담긴 유리병을 두드리면 유리병과 물의 떨리는 횟수가 적어 낮은 소리가 나고, 물이 적게 담긴 유리병을 두드리면 떨리는 횟수가 많아 높은 소리가 난다.

정답 및 해설

12 모범답안

온도가 높아지면 기체의 부피가 커져 빨간색 액체 기둥을 아래로 밀어낸다. 따라서 온도가 높아지면 기체 온도계의 빨간색 액체 기둥은 아래로 내려간다.

해설

액체 온도계는 가는 진공 상태의 유리관에 온도에 따른 부피 변화가 큰 액체를 넣은 것으로, 온도가 높아지면 액체의 부피가 늘어나 액체 기둥이 위로 올라가므로 위로 갈수록 온도가 높다. 기체 온도계는 액체로 입구를 막아 밀폐된 공간 속에 있는 기체의 부피 변화를 이용한 것으로, 온도가 높아지면 기체의 부피가 커져 액체 기둥을 아래로 밀어내므로 아래로 갈수록 온도가 높다.

13 모범답안

바나나, 오이, 소시지, 식물의 잎, 터치 장갑, 건전지, 알루미늄 포일, 은박지 등

해설

바나나와 같은 과일류, 오이와 같은 채소류, 소시지, 식물의 잎은 물을 포함하고 있으므로 정전식 스마트폰 화면을 터치할 수 있다. 터치 장갑은 전도성 실로 만들어졌고, 건전지와 알루미늄 포일, 은박지도 전도성 물질이므로 스마트폰 화면 터치가 가능하다.

14 모범답안

(1) 망사필터, 카본필터, 항균필터
(2) • 망사필터: 큰 먼지를 걸러준다.
   • 카본필터: 냄새를 없애준다.
   • 항균필터: 아주 작은 먼지를 걸러주고, 세균이나 곰팡이의 번식을 억제한다.

해설

공기청정기로 들어온 오염된 공기는 제일 먼저 망사필터를 통과하여 굵은 먼지가 걸러진다. 그 다음, 카본필터는 활성탄 표면의 무수한 구멍으로 냄새나 색소 알갱이를 흡착하여 냄새나 색깔을 없앤다. 활성탄 표면의 구멍이 냄새나 색소 알갱이로 가득 차 더이상 흡착할 수 없으면 효과가 없으므로 카본필터를 일정한 주기로 교체해야 한다. 마지막으로 항균필터를 통과하면서 아주 작은 먼지가 걸러진다. 항균필터는 항균처리가 되어 있어 세균이나 곰팡이의 번식을 억제한다. 하지만 오래되면 필터에 쌓인 먼지가 곰팡이와 세균의 번식처가 될 수 있으므로 항균필터 역시 일정한 주기로 교체해야 한다.

메모

STEAM
창의사고력
수학 100제 초5

메모

SD에듀와 함께 꿈을 키워요!
www.sdedu.co.kr

안쌤의 STEAM + 창의사고력 수학 100제 초등 2학년

초 판 발 행	2023년 10월 05일 (인쇄 2023년 08월 17일)
발 행 인	박영일
책 임 편 집	이해욱
편 저	안쌤 영재교육연구소
편 집 진 행	이미림 · 피수민 · 박누리별
표 지 디 자 인	박수영
편 집 디 자 인	홍영란 · 곽은슬
발 행 처	(주)시대교육
공 급 처	(주)시대고시기획
출 판 등 록	제 10-1521호
주 소	서울시 마포구 큰우물로 75 [도화동 538 성지 B/D] 9F
전 화	1600-3600
팩 스	02-701-8823
홈 페 이 지	www.sdedu.co.kr
I S B N	979-11-383-5706-7 (64400)
	979-11-383-5705-0 (64400) (세트)
정 가	17,000원

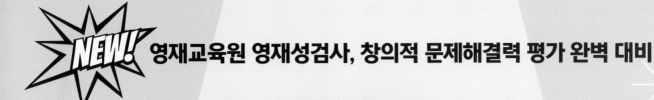

영재교육원 영재성검사, 창의적 문제해결력 평가 완벽 대비

안쌤의
STEAM + 창의사고력
수학 100제 시리즈

수학사고력, 창의사고력, 융합사고력 향상

창의사고력 3단계 학습법

영재교육원 창의적 문제해결력 기출문제 및 풀이 수록

안쌤의
STEAM
+창의사고력
수학 100제

초등 2학년

시대교육(주)

발행일 2023년 10월 5일(초판인쇄일 2023 · 8 · 17) | 발행인 박영일 | 책임편집 이해욱 | 편저 안쌤 영재교육연구소
발행처 (주)시대교육 | 공급처 (주)시대고시기획 | 등록번호 제10-1521호 | 주소 서울시 마포구 큰우물로 75 [도화동 538 성지B/D] 9F
대표전화 1600-3600 | 팩스 (02)701-8823 | 학습문의 www.sdedu.co.kr

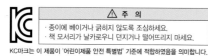

수학이 쑥쑥! 코딩이 척척!
초등코딩 수학 사고력 시리즈

③ ・초등 SW 교육과정 완벽 반영
・수학을 기반으로 한 SW 융합 학습서
・초등 컴퓨팅 사고력＋수학 사고력 동시 향상
・초등 1~6학년, 영재교육원 대비

④

안쌤의 수·과학 융합 특강

・초등 교과와 연계된 24가지 주제 수록
・수학사고력＋과학탐구력＋융합사고력 동시 향상

⑤

안쌤의 신박한 과학 탐구보고서 시리즈

・모든 실험 영상 QR 수록
・한 가지 주제에 대한 다양한 탐구보고서

영재성검사 창의적 문제해결력
모의고사 시리즈

⑥ ・영재교육원 기출문제
・영재성검사 모의고사 4회분
・초등 3~6학년, 중등

SD에듀만의 영재교육원 면접
SOLUTION

영재교육원 AI 면접 온라인 프로그램 무료 체험 쿠폰

도서를 구매한 분들께 드리는
특별한 혜택

쿠폰 번호
BOL - 40174 - 16717
유효기간 : ~2024년 6월 30일

01 도서의 쿠폰번호를 확인합니다.

02 WIN시대로[https://www.winsidaero.com]에 접속합니다.

03 홈페이지 오른쪽 상단 영재교육원 **AI 면접 배너**를 클릭합니다.

04 회원가입 후 로그인하여 [**쿠폰 등록**]을 클릭합니다.

05 쿠폰번호를 정확히 입력합니다.

06 쿠폰 등록을 완료한 후, [**주문 내역**]에서 이용권을 사용하여 면접을 실시합니다.

※ 무료쿠폰으로 응시한 면접에는 별도의 리포트가 제공되지 않습니다.

영재교육원 AI 면접 온라인 프로그램

01 WIN시대로[https://www.winsidaero.com]에 접속합니다.

02 홈페이지 오른쪽 상단 영재교육원 **AI 면접 배너**를 클릭합니다.

03 회원가입 후 로그인하여 [**상품 목록**]을 클릭합니다.

04 학습자에게 꼭 맞는 다양한 상품을 확인할 수 있습니다.

언제든지 자유롭게!

KakaoTalk **안쌤 영재교육연구소**

안쌤 영재교육연구소에서 준비한 더 많은 면접 대비 상품
(동영상 강의 & 1:1 면접 온라인 컨설팅)을 만나고 싶다면
안쌤 영재교육연구소 카카오톡에 상담해 보세요.